物联网技术与应用实践教程

主 编 周丽婕 朱 姗 徐 振

U0172570

华中科技大学出版社
中国·武汉

内 容 简 介

　　本书首先阐述了物联网的基本概念、关键技术和应用案例等物联网的基本理论知识,然后循序渐进地介绍物联网开发的典型实战任务,通过逐级递进式任务介绍法达到理论与实践相结合的目的,使读者清晰地了解物联网系统开发的整体流程。本书针对每个实战任务提供微课视频和源代码。

　　本书可作为高等院校通信工程、电子信息工程、人工智能、机械电子、计算机和网络工程等专业的教学用书,也可作为嵌入式系统开发等实践类课程的参考书。

图书在版编目(CIP)数据

物联网技术与应用实践教程/周丽婕,朱姗,徐振主编.—武汉:华中科技大学出版社,2020.8(2023.1重印)
ISBN 978-7-5680-6444-6

Ⅰ.①物… Ⅱ.①周… ②朱… ③徐… Ⅲ.①智能技术-应用 ②互联网络-应用 Ⅳ.①TP18
②TP393.4

中国版本图书馆 CIP 数据核字(2020)第 140790 号

物联网技术与应用实践教程　　　　　　　　　　　　　　　周丽婕　朱　姗　徐　振　主编
Wulianwang Jishu yu Yingyong Shijian Jiaocheng

策划编辑:张少奇
责任编辑:邓　薇
封面设计:廖亚萍
责任监印:周治超
出版发行:华中科技大学出版社(中国•武汉)　　　电话:(027)81321913
　　　　　武汉市东湖新技术开发区华工科技园　　　邮编:430223
录　　排:武汉市洪山区佳年华文印部
印　　刷:武汉邮科印务有限公司
开　　本:787mm×1092mm　1/16
印　　张:9.25
字　　数:220 千字
版　　次:2023 年 1 月第 1 版第 3 次印刷
定　　价:32.80 元

前　言

　　根据我国工业和信息化部颁布的产业规划,物联网在社会生产各个领域的应用将迅猛发展,物联网技术相关专业人才的需求也将突升。物联网课程如何开展才能培养学生以满足社会需求? 笔者认为,通过实验室提供完善的实验条件和充足的实验资源进行理论与实践相结合的实践教学,才能培养学生的创新意识和实践能力,为其成为复合型、应用型和创新型人才打下基础。

　　物联网技术涉及电子科学与技术、自动化、计算机科学与技术、通信工程等多个学科。物联网产业人才应掌握从事本专业工作所需的数学、自然科学、经济学、管理学、工程科学等基础知识,以及与物联网相关的计算机、通信、电子、传感等基本理论、基本知识、基本技能及基本方法,具有较强专业能力和良好的外语运用能力,能够胜任物联网相关技术的研发工作或物联网系统规划、分析、设计、实施、运行维护等工作。物联网技术涉及的核心技术包括通信技术、传感器技术、网络技术、RFID(radio frequency identification,射频识别)技术等一系列核心技术。要把不同学科知识有效整合、融会贯通,必须通过基于任务的创新实践教学,采用逐级递进式任务教学方法,才能提高课堂的活力。

　　本书采用理论联系实际的方式,深入浅出地对物联网的基本概念、组成和应用进行介绍,最后利用任务实践的方式,对常见的物联网应用进行设计和实践,使得学生在掌握理论的前提下,可以动手完成系统设计,体验物联网的魅力,提高学生的学习兴趣,体现学生在课堂教学中的主体地位。

　　本书可作为高等院校通信工程、电子信息工程、人工智能、机械电子、计算机和网络工程等专业的教学用书,也可作为嵌入式系统开发等实践类课程的参考资料。

　　由于编者对物联网技术的前沿知识掌握不够透彻,本书中物联网应用任务设计部分,涉及面不够广,功能也不够完善,虽然已根据专家和一线教师的意见作了修改,但还是会存在不少缺陷和疏漏,殷切期望各方面的读者能给予批评和指正。

编　者

2020 年 3 月

目　　录

基础任务实践

综合任务实战

第 1 章　物联网概述

1995 年,微软①创办人比尔·盖茨在《未来之路》一书中,提及他对"物物互联"及"智能家居"的想法——物联网最早的雏形。物联网的概念于 1999 年由麻省理工学院 Auto-ID 实验室的 Kevin Ashton 提出,它把所有物品通过射频识别(radio frequency identification,RFID)等信息传感设备与互联网连接起来,实现智能化的识别和管理。2005 年,ITU-T(国际电信联盟电信标准化部门)发布了报告《ITU 互联网报告 2005:物联网》,对"物联网"含义进行了扩展,分别从物联网的概念、涉及的技术、潜在的市场、面临的挑战、世界的发展机遇和未来的生活展望六大方面进行了阐述。报告以这样的形式阐述了物联网的概念:信息世界和通信技术已经有了新的维度——任何人、任何物体,都能够在任何时间、任何地点以多种多样的形式连接起来,从而创建出一个新的、动态的网络。

1.1　物联网的概念与特征

目前学术界比较认可的概念:物联网(internet of things,IoT),是通过射频识别设备、全球定位系统、扫描器、感应器等信息传感设备,按约定的协议,把任何物品与互联网连接起来,进行信息交换和通信,以实现智能化识别、定位、跟踪、监控和管理的一种网络。简而言之,物联网就是"物物相连的互联网"。因此,物联网的核心和基础仍然是互联网,是在互联网基础上的延伸和扩展的网络,其用户端延伸和扩展到了任何物品与物品之间,以进行信息交换和通信。

物联网具备三个特征,分别是全面感知、可靠传递、智能处理。

(1) 全面感知是指利用 RFID 设备、传感器、定位器和二维码等,可随时随地获取物体的信息。

(2) 可靠传递是指通过无线通信网络与互联网融合,将获取的物体信息实时准确地传递出去。

(3) 智能处理是指利用云计算、大数据(big data)、人工智能算法等智能计算技术,对收到的实时海量数据进行分析和处理,实现智能化决策和控制。

1.2　物联网的发展

全球物联网应用增长态势明显,"万物互联"时代已开启。物联网作为信息通信技术的典型代表,在全球范围内呈现加速发展的态势。

1.2.1　国内发展

不同行业和不同类型的物联网应用的普及和逐渐成熟推动物联网的发展进入万物互联

---

① 本书中公司名大都采用业内通识的简称。

的新时代,可穿戴设备、智能家电、自动驾驶汽车、智能机器人等,数以百亿计的新设备将接入网络。预计 2025 年我国物联网连接数近 200 亿个,万物唤醒、海量连接将推动各行各业走上智能道路。智能物联网(AIoT)是 2018 年兴起的概念,指系统通过各种信息传感器实时采集各类信息(一般是在监控、互动、连接情境下),在终端设备、边缘域或云中心通过机器学习对数据进行智能化分析,包括定位、比对、预测、调度等。

物联网平台是产业生态构建的核心关键环节,掌握物联网平台就掌握了物联网生态的主动权。就我国而言,提升我国企业物联网平台处理的技术能力,加速形成物联网平台与行业的对接,培育平台上的应用开发者群体,成为构建产业生态的重点。

虽然物联网平台的重要性日益凸显,但由于物联网中企业众多,平台阵营林立,仅依靠平台难以打造完善的产业生态。通过"云-端-网"的多要素垂直一体化布局,覆盖产业的各环节,为用户提供整体方案,更有利于生态的打造。

硬件在物联网带来的价值占比将逐步减小,厂商必须通过应用软件或服务创造大部分的营收,因此云端的云计算和大数据利用价值逐步提升。操作系统与云端结合的趋势也为我国发展操作系统带来了有利条件。目前开发物联网操作系统的中国厂商都有互联网和云端的相关背景,如阿里巴巴凭借本身阿里云优势推出 yunOS,而华为依托本身连接优势,大力推行低功耗广域网,并将此优势延续至操作系统,推出"1+2+1"物联网策略,以"操作系统+连接+平台"迅速抢占物联网市场。

1.2.2 国外发展

美国物联网重点聚焦于以工业互联网为基础的先进制造体系构建。据 2016 年上半年统计,美国物联网支出将从 2016 年的 2320 亿美元增长到 2019 年的 3570 亿美元,这一增幅表明 2015—2019 年的复合年增长率达到 16.1%。其中制造业、交通行业在 2016 年成为物联网行业支出最大的部分。

欧盟尝试以"由外及内"方式打造开环物联网。通过构造和提高外部生态环境来间接作用于行业整体,欧盟力图实现"欧盟数字化单一市场战略(DSM)"中所提出的一个单一的物联网市场、一个蓬勃的物联网生态系统、一个以"人"为中心的物联网方法。同时,欧盟通过"地平线 2020"研发计划在物联网领域投入近 2 亿欧元,建设连接智能对象的物联网平台,开展物联网水平行动,推动物联网集成和平台研究创新,特别是重点选取自动网联汽车、智慧城市、智能可穿戴设备、智能农业和食品安全、智能养老等五个方面开展大规模示范应用,希望构建大规模开环物联网生态体系。

日本、韩国、俄罗斯等国家持续加大物联网推进力度。2016 年日本物联网市场规模为62000 亿日元,到 2020 年将达到 138000 亿日元。在日本总务省和日本经济产业省指导下,由 2000 多家国内外企业组成的"物联网推进联盟"在 2016 年 10 月与美国工业互联网联盟(IIC)、德国工业 4.0 平台签署合作备忘录,希望美日德联合推进物联网标准合作。韩国选择以人工智能、智慧城市、虚拟现实等九大国家创新项目作为发掘新经济增长动力和提升国民生活质量的新引擎,未来十年间韩国未来创造科学部将投入超过 2 万亿韩元推进这九大项目,同时韩国运营商积极部署推进物联网专用网络建设。俄罗斯首次对外宣称启动物联网研究及应用部署是在 2016 年。俄罗斯互联网创新发展基金制定了物联网技术发展"路线图"草案,俄罗斯工业贸易部、俄罗斯通信与大众传媒部、互联网创新发展基金、俄罗斯各联邦主体和其他有关政府机构将在此基础上进一步确定试验项目、试点行业和地区。

1.3 物联网系统架构

物联网作为一个系统网络,其内部架构由感知层、网络层、应用层三部分组成,如图1-1所示。

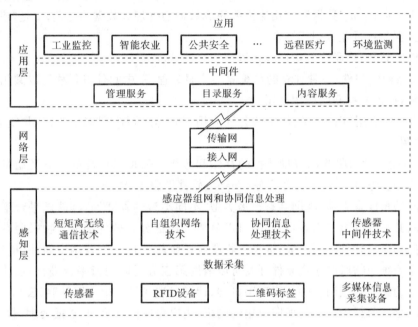

图 1-1 物联网架构图

感知层位于最底层,相当于人的皮肤和五官,用于识别物体和采集信息,由基本的感应器和感应器组成的网络两大部分组成,是物联网的核心,是信息采集的关键部分。感应器包括传感器、RFID 设备和读写器、二维码标签和识读器、摄像头、GPS(global positioning system,全球定位系统)、M2M(machine to machine,指数据从一台终端传送到另一台终端,也就是机器与机器对话)终端、传感器网关等。感应器组成的网络包括 RFID 网络、传感器网络等。感知层所需要的关键技术包括新兴传感技术、短距离无线通信技术、自组织网络技术、协同信息处理技术、传感器中间件技术等。

网络层位于中间层,相当于人的神经中枢系统,负责将感知层获取的信息安全可靠地传输到应用层,主要包含接入网和传输网,分别实现接入功能和传输功能。传输网由公网和专网组成,典型传输网络包括电信网(固网、移动通信网)、广电网、互联网、电力通信网、专用网(数字集群)。接入网通过光纤接入、无线接入、以太网接入、卫星接入等各类接入方式,实现底层的传感器网络、RFID 网络"最后一公里"的接入。网络层基本综合了已有的全部网络形式,来构建更加广发的"互联"。每种网络都有自己的特点和应用场景,互相组合才能发挥出最大的作用,因此在实际应用中,信息往往经由任何一种或者几种网络的组合的形式进行传输。对现有网络进行融合和扩展,利用新技术,如 3G/4G 通信网络、IPv6(internet protocol version 6,第 6 版互联网协议)、WiFi、WiMAX(威迈)、蓝牙(bluetooth)、ZigBee、LoRa (long range radio,远距离无线电)等,以实现更加广发和高效的互联功能。

应用层位于最上层,用于对得到的信息进行智能运算和智能处理,实现智能化识别、定位、跟踪、监控和管理等实际应用。其功能为"处理",即通过云计算平台进行信息处理。应用层与感知层是物联网的显著特征和核心所在,应用层可以对感知层采集的数据进行计算、处理和知识挖掘,从而实现对物理世界的实时控制、精确管理和科学决策。应用层的核心功能围绕两个方面:一是"数据",应用层需要完成数据的管理和数据的处理;二是"应用",应用层将这些数据与各行业应用相结合。

从结构上划分,物联网应用层包括以下三个部分。

(1)物联网中间件:一种独立的系统软件或服务程序,中间件将各种可以共用的功能进行统一封装,提供给物联网应用使用。

(2)物联网应用:用户直接使用的各种应用,如工业监控、智能农业、公共安全、远程医疗、环境监测等。

(3)云计算:助力物联网海量数据的存储和分析。依据云计算的服务类型可以将其分为基础设施即服务(IaaS)、平台即服务(PaaS)、软件即服务(SaaS)。

从不同的角度来看,物联网会有很多类型,不同类型的物联网,其软硬平台组成也会有所不同。从其系统的组成来看,物联网可以分为硬件部分与软件部分。物联网软件部分包括系统软件和应用软件两大组成,常见的物联网系统软件包括物联网中间件(接口软件)和物联网操作系统。物联网应用软件开发可以借助第三方物联网云平台进行,加快软件开发进度。常见的物联网应用软件运行于手机端、计算机端或管控中心服务器(云端)。

物联网是以数据为中心的面向应用的网络,主要完成信息感知、数据处理、数据回传、决策支持等功能,其硬件平台可以由传感网、核心承载网和信息服务系统等几个大部分组成。系统硬件平台组成示意图如图 1-2 所示。其中,传感网包括感知节点(数据采集和控制)、末

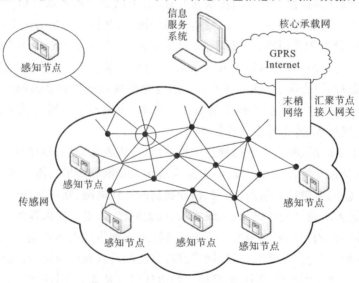

图 1-2　系统硬件平台组成示意图

梢网络(汇聚节点、接入网关等);核心承载网为物联网业务的基础通信网络;信息服务系统硬件设施主要负责信息的处理和决策支持。

1.4 物联网应用

当前全球物联网技术体系、商业模式、产业生态仍在不断演变和探索中,物联网发展呈现出平台化、云化、开源化的特征,并与移动互联网、云计算、大数据融为一体。物联网技术在许多领域都有成功的应用案例,本教程仅选取部分典型案例进行介绍,以方便读者对物联网应用获得初步认识。

1.4.1 车联网

车联网以无线语音、数字通信和卫星导航系统为平台,通过无线通信网向驾驶员和乘客提供交通信息、紧急情况应对、远距离车辆诊断等服务。车联网是最具内生动力、商业化程度很高的应用市场,将是下一个获得大规模增长和应用爆发的领域,未来车联网的应用将更加广泛,将成为汽车的基本服务。

基于物联网、云计算、大数据等核心技术,构建统一开放的车联网解决方案,其功能架构图如图1-3所示,可以实现:平台化远程集中管理,管控更智能化,效率极大提高;实时掌握车辆状态,保障人身和车辆安全;车辆位置异常报警,防止车辆被盗;车辆状态大数据分析,及时提醒用户维护保养,以避免车辆超负荷运行导致部件损坏而大修的风险。

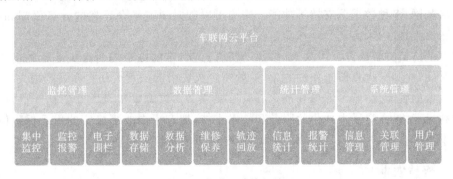

图1-3 车联网功能架构图

车联网解决方案包括数据管理、设备管理和运营管理,实现统一安全的网络接入、各种终端的灵活适配、海量数据的采集分析,从而实现新价值的创造。车联网解决方案不仅简化各类车载终端厂家的开发,屏蔽各种复杂设备接口,实现终端设备的快速接入;同时面向车联网业务提供开放能力,支撑各行业伙伴实现新业务快速开发,降低开发成本和缩短业务上线周期。

1.4.2 环境监测

物联网技术应用于环境监测的案例非常多,如用于室内环境状况监测时,通过实时采集室内环境的温湿度、光照强度、二氧化碳浓度、空气质量信息、噪声信息等,根据这些信息自动评估并生成建议。下面将介绍一个在环境监测中的成功案例——城市消防监测解决方案。

传统 WiFi 独立烟感报警设备应用存在许多弊端,如需配套增加安装中继器、网关、路由器、光调制解调器等多重设备,施工调试相对复杂,网络稳定性存在隐患。采用最新的窄带物联网(narrow band internet of things,NB-IoT)技术推出的物联网创新应用,主要针对老、旧、小、分散场所的消防改造和消防设施添加困难问题,解决火灾报警设备在这些场所的部署、管理与维护难题,提供消防物联网整体解决方案,方案具有覆盖范围大、易于部署、成本低、智能化和管理性强的特点。

(1)感知层:由 NB-IoT 型消防设备组成,包括无线感烟报警器、无线感温报警器、无线可燃气体探测器、无线手动报警按钮等,通过实时监测点位的烟雾、温度、可燃气体等参数并自动上传,发现异常自动报警。

(2)网络层:实现数据的互联互通,提供传输通道,由运营商提供,需支持 NB-IoT 传输。

(3)平台层:实现所有硬件设备的数据采集和存储的云平台,并提供开发接口,简化方案整体架构和总体投资成本。对照图 1-1,平台层属于应用层中间件部分,处于硬件和应用软件中间,发挥支撑和传递信息的作用。在实际应用中,由于中间件开发的专业性很强,技术门槛高,因此采用第三方物联网云平台(平台层)是一个较好的选择。

(4)应用层:由无线火灾报警管理平台及配套手机 APP(应用程序,Application 的缩写)、微信小程序构成,实现设备无线组网、多级警告通知、多单位用户支持、分级用户管理、系统对接联网、多种数据源支持等功能。用户可以随时通过平台连接的计算机端和移动端(APP、微信小程序)来实现远程移动监控管理。

城市消防监测解决方案可大大降低各类消防监管难的微小场所火灾蔓延的可能性,减少接触时间,提高灭火救援工作的效率,有效避免火灾引起的重大伤亡和财产损失。同时对于推进城市的智能化、城市形象规范化具有重要意义。该方案建设主要依托于运营商的建设能力和运营能力,提供本地化的服务和技术支持,拥有更专业更稳定的售后保障体系,同时方案本身具有前瞻性,满足后续发展需求,更加方便扩容与维护。

1.4.3 智慧农业

智慧农业主要是传感器、云平台等物联网技术在传统农业上的运用,通过移动平台或者计算机平台对农业生产进行控制,做到精确感知、精准操作、精细管理。智慧农业充分应用现代信息技术成果,集成应用计算机与网络技术、物联网技术、音视频技术、3S 技术(遥感(remote sensing,RS)技术、地理信息系统(geographical information system,GIS)和全球定位系统(GPS)的统称)、无线通信技术及专家智慧与知识,实现农业可视化远程诊断、远程控制、灾变预警等智能化管理,系统功能架构如图 1-4 所示。

该系统采用空气温湿度传感器、光照强度传感器、土壤温度传感器、土壤湿度传感器、土壤盐分传感器、CO_2 浓度传感器、数据采集仪、数据集中器等硬件设备,监测各区域的实时状况,集中显示当前所有监测节点所采集到的各个参数值,并可将采集信息发送到移动端,如手机。

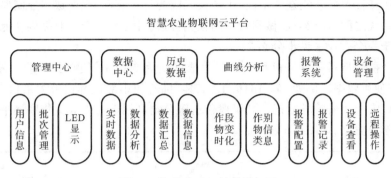

图 1-4　智慧农业系统功能架图

1.4.4　智能家居

基于城市网络，依托云计算存储技术，用户可全方位设定吃、穿、住、行场景体验，再结合智能终端，打造物联网生态高品质生活。主营智能家居的企业如雨后春笋，国内外有很多成功的案例，这里选取比较知名的企业 Control4 来进行说明。Control4 成立于 2003 年 3 月，总部位于美国犹他州盐湖城，是一家专业从事智能家居产品的研发、生产、销售的知名企业。Control4 提供一整套的有线和无线系列控制产品，其功能示意图如图 1-5 所示。

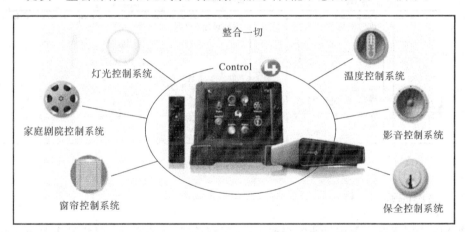

图 1-5　Control4 智能家居功能示意图

1.4.5　制造物联

在"互联网＋"协同制造模式下，制造业企业将不再自上而下地集中控制生产，不再从事单独的设计与研发环节，或者单独的生产与制造环节，或者单独的营销与服务环节；而是从顾客需求开始，到接受产品订单、寻求合作生产、采购原材料或零部件、共同进行产品设计、生产组装，整个环节都通过互联网连接起来并进行实时通信，从而确保最终产品满足大规模客户的个性化定制需求。"智能制造＋网络协同"已经成为事实上的未来制造模式，而未来的制造业企业也势必将从单纯制造向"制造＋服务"转型升级。在传统制造业内部，每个不同的系统会形成一个信息的孤岛，信息的传递往往需要人工来执行。随着时代发展，各行各业对制造的敏捷性及精益制造要求高,生产模式改为订单驱动,生产成本控制要求高。这就需要在不同系统之间进行集成,做到信息的互相传递。因此,一个具有完整功能的制造运作管理平台对于一个企业来说十分必要。

物联网智能制造解决方案可将生产线生成的庞大数据集可视化,以减少停机、增加产出、提高资产使用效率。例如:车间的员工、工具、机器和小部件都携带大量信息,充分利用这些数据可以大大改善运营状况。新汉股份有限公司利用 Intel® IoT 物联网平台开发了工厂智能制造解决方案,如图 1-6 所示。

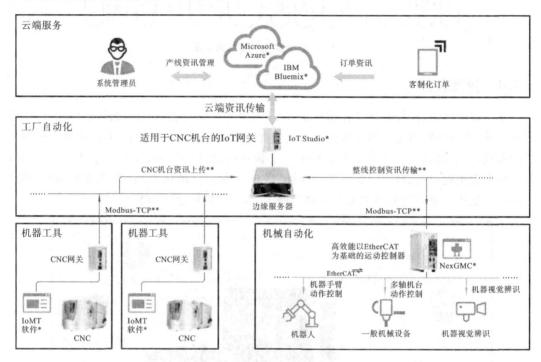

图 1-6 工厂智能制造解决方案

1.4.6 远程医疗

物联网应用于医疗领域已非常普遍了,对医疗管理、医药流通、医疗健康等方面提供了便捷与优化。例如,传统就医流程中,无论大病小病,都直接到医院进行就诊,在一定程度上造成了医疗资源紧缺、患者就医等待时间长等问题,而远程医疗解决方案就可以缓解这些问题,如图 1-7 所示,通过远程医疗平台,实现优势医疗机构对其他医疗机构进行远程诊疗和教育,达到医疗数据的集中共享、区域协同,基于云实现分级诊疗服务模式,如图 1-8 所示。

1.4.7 电网故障诊断

按照电力系统安全监控的要求,物联网可完全应用于电力行业的各个系统,如变电站、水电站、输电线路等整个系统直到用户终端。智能电网在线监测及故障定位系统采用数字化故障指示器和无线通信技术,主要用于中高压输配电线路上,可监测、指示短路和接地故障,监测线路和变压器运行情况,对电动操作开关进行遥控操作;可以帮助电力运行人员实

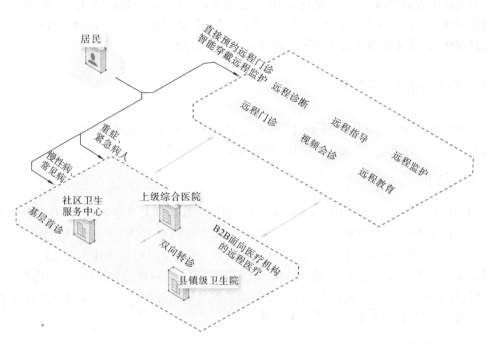

图 1-7　远程医疗平台解决方案

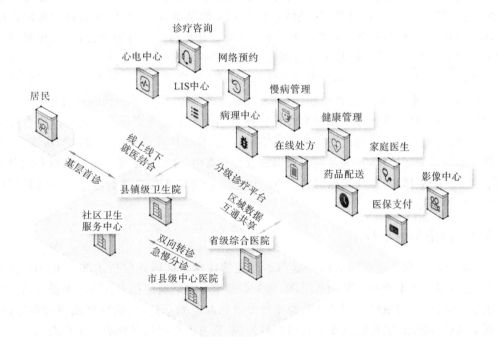

图 1-8　分级诊疗服务模式

时了解线路上各监测点的电流、电压、温度变化情况,在线路出现短路、接地、短线、绝缘下降等故障或者异常情况下给出声光或者短信通知报警,告知调度人员进行远程操作,以隔离故障或转移供电,通知电力运行人员迅速赶赴现场进行处理。

1.5 物联网关键技术

物联网的产业链可细分为标识、感知、信息传送和数据处理这四个环节,其中的核心技术主要包括 RFID 技术、传感技术、网络和通信技术、云计算等。

1.5.1 RFID 技术

RFID 技术是一种无接触的自动识别技术,利用射频信号及其空间耦合传输特性,实现对静态或移动待识别物体的自动识别,用于对采集点的信息进行"标准化"标识。鉴于 RFID 技术可实现无接触的自动识别,并且,它具有全天候、识别穿透能力强、无接触磨损,可同时实现对多个物品的自动识别等诸多特点,将这一技术应用到物联网领域,使其与互联网、通信技术相结合,可实现全球范围内物品的跟踪与信息的共享。这在物联网"识别"信息和近程通信的层面中,起着至关重要的作用。

1.5.2 传感技术

信息采集是物联网的基础,而目前的信息采集主要是通过传感器和电子标签等方式完成的。传感器作为一种检测装置,是摄取信息的关键器件,由于其所在的环境通常比较恶劣,因此物联网对传感器技术提出了较高的要求:一是其感受信息的能力,二是传感器自身的智能化和网络化。传感器技术在这两方面应当实现发展与突破。

将传感器应用于物联网可以构成无线自治网络,这种传感器网络技术综合了传感器技术、纳米嵌入技术、分布式信息处理技术、无线通信技术等,使各类能够嵌入任何物体的集成化微型传感器协作,进行待测数据的实时监测、采集,并将这些信息以无线的方式发送给观测者,从而实现"泛在"传感。在传感器网络中,传感节点具有端节点和路由的功能:首先是实现数据的采集和处理;其次是实现数据的融合和路由,即综合本身采集的数据和收到的其他节点发送的数据,转发到其他网关节点。传感节点的好坏会直接影响整个传感器网络的正常运转和功能发挥。

1.5.3 网络和通信技术

物联网的实现涉及近场通信技术和远程通信技术。近场通信技术涉及 RFID、蓝牙等技术,远程通信技术涉及互联网的组网、网关等技术。网络通信技术为物联网提供信息传递和服务支撑,通过增强现有网络通信技术的专业性与互联功能,以适应物联网低移动性、低数据率的业务需求,实现信息安全且可靠的传送,是当前物联网研究的一个重点。

传感器网络通信技术主要包括广域网络通信和近距离通信两个方面。广域网络通信技术主要包括因特网、3G/4G/5G 移动通信、卫星通信等技术,而以 IPv6 为核心的下一代互联网的发展,更为物联网提供高效的传送通道;在近距离通信方面,当前的主流则是以 IEEE

802.15.4 为代表的近距离通信技术。

M2M 技术也是物联网实现的关键。可以与 M2M 技术实现技术结合的远距离连接技术有 GSM(global system for mobile communications,全球移动通信系统)、GPRS(general packet radio service,通用分组无线业务)、UMTS(universal mobile telecommunications service,通用移动通信业务)等；WiFi、蓝牙、ZigBee、RFID 和 UWB(ultrawideband,超宽带)等近距离连接技术也可以与之相结合；此外,还有 XML(extensible markup language,可扩展置标语言)和 CORBA(common object request broker architecture,公共对象请求代理体系结构),以及基于 GPS、无线终端和网络的位置服务技术等也可与 M2M 技术结合。M2M技术可用于安全监测、自动售货、货物跟踪等领域,应用广泛。

1.5.4　云计算

从物联网的感知层到应用层,各种信息的种类和数量都成倍增加,需要分析的数据量也成级数增加,同时还涉及各种异构网络或多个系统之间数据的融合问题。如何从海量的数据中及时挖掘出隐藏信息和有效数据这一问题,给数据处理带来了巨大的挑战,因此怎样合理有效地整合、挖掘和智能处理海量的数据是物联网面临的难题。将物联网 P2P(peer-to-peer)、云计算等分布式计算技术结合起来,可以得到解决以上难题的一个途径。云计算为物联网提供了一种新的高效率计算模式,可通过网络按需提供动态伸缩的廉价计算。它具有相对可靠并且安全的数据中心,同时兼有互联网服务的便利、廉价优势,以及大型机的能力,可以轻松实现不同设备间的数据与应用共享,用户无须担心信息泄露、黑客入侵等棘手问题。云计算是信息化发展进程中的一个里程碑,它强调信息资源的聚集、优化和动态分配,节约信息化成本并大大提高了数据处理的效率。

1.6　物联网的发展前景

物联网虽是新兴的产业,但它并不是独立存在的,相反,它和人工智能(artificial intelligence,AI)、大数据、云计算等有着密不可分的联系。

1.6.1　人工智能

调研机构 Gartner 公司预测,到 2022 年,超过 80% 的企业物联网项目将包含人工智能技术和组件,而目前这一数据为 10%。将人工智能和物联网结合起来并不是一件容易的事,它不仅需要大量的资金,而且还需要新的技能和专业知识,构建人工智能算法,管理收集的数据。

人工智能就是让机器具有人类的智能,这也是人们长期追求的目标。这里关于什么是"智能"并没有一个很明确的定义,但一般认为智能(或特指人类智能)是知识和智力的总和,都和大脑的思维活动有关。虽然随着神经科学、认知心理学等学科的发展,人们对大脑的结构有了一定程度的了解,但对大脑的智能究竟是怎么产生的还知道得很少。因此,通过"复制"一个人脑来实现人工智能在目前阶段是不切实际的。

1950 年,阿兰·图灵(Alan Turing)发表了一篇有着重要影响力的论文——*Computing*

Machinery and Intelligence,讨论了创造一种"智能机器"的可能性。

由于"智能"一词比较难以定义,因此他提出了著名的图灵测试:"一个人在不接触对方的情况下,通过一种特殊的方式和对方进行一系列的问答。如果在相当长时间内,无法根据这些问题判断对方是人还是计算机,那么就可以认为这个计算机是智能的。"图灵测试是促使人工智能从哲学探讨进入科学研究的一个重要因素,引导了人工智能的很多研究方向。因为要使得计算机能通过图灵测试,计算机就必须具备理解语言、学习、记忆、推理、决策等能力。这样,人工智能就延伸出了很多不同的子学科,比如机器感知(计算机视觉、语音信息处理)、学习(模式识别、机器学习、强化学习)、语言(自然语言处理)、记忆(知识表示)、决策(规划、数据挖掘)等。所有这些研究领域都可以看作人工智能的研究范畴。

人工智能是计算机科学的一个分支,主要研究用于模拟、延伸和扩展人类智能的理论、方法、技术及应用系统等。和很多其他学科不同,人工智能这个学科的诞生有着明确的标志性事件,就是 1956 年的达特茅斯(Dartmouth)会议。在这次会议上,"人工智能"被提出并作为该研究领域的名称。同时,人工智能研究的使命也得以确定。John McCarthy 提出了人工智能的定义:人工智能就是要让机器的行为看起来就像是人所表现出的智能行为一样。目前,人工智能的主要研究领域大体上可以分为以下几个方面。

(1) 感知:模拟人的感知能力,对外部刺激信息(视觉和语音等)进行感知和加工。主要研究领域包括语音信息处理和计算机视觉等。

(2) 学习:模拟人的学习能力,主要研究如何从样例或与环境交互中进行学习。主要研究领域包括监督学习、无监督学习和强化学习等。

(3) 认知:模拟人的认知能力。主要研究领域包括知识表示、自然语言理解、推理、规划、决策等。

随着神经科学、认知科学的发展,人逐渐知道人类的智能行为都和大脑活动有关。人类大脑是一个可以产生意识、思想和情感的器官。受到人脑神经系统的启发,早期的神经科学家构造了一种模仿人脑神经系统的数学模型,称为人工神经网络,简称神经网络。在机器学习领域,神经网络是指由很多人工神经元构成的网络结构模型,这些人工神经元之间的连接强度是可学习的参数。

人工神经网络诞生之初并不是用来解决机器学习问题。由于人工神经网络可以看作一个通用的函数逼近器,一个两层的神经网络可以逼近任意的函数,因此人工神经网络可以看作一个可学习的函数,并被应用到机器学习中。理论上,只要有足够的训练数据和神经元数量,人工神经网络就可以学到很多复杂的函数。可以把一个人工神经网络塑造复杂函数的能力称为网络容量(network capacity),它与可以被储存在网络中的信息的复杂度及数量相关。

为了学习一种好的表示,需要构建具有一定"深度"的模型,并通过学习算法来让模型自动学习、获取问题的本质特征(从底层特征,到中层特征,再到高层特征),从而最终提升预测模型的准确率。所谓"深度",是指原始数据进行非线性特征转换的次数。如果把一个表示学习系统看作一个有向图结构,深度也可以看作从输入节点到输出节点所经过的最长路径的长度。这样就需要一种学习方法,该学习方法可以从数据中学习一个"深度模型"。这就是深度学习(deep learning,DL)。深度学习是机器学习的一个子问题,其主要目的是从数据中自动学习到有效的特征表示。

1.6.2 大数据

大数据是人工智能的基石,目前的深度学习主要是建立在大数据的基础上,即对大数据进行训练,并从中归纳出可以被计算机运用在类似数据上的知识或规律。大数据(也称为巨量资料、海量数据资源),是指无法在一定时间范围内用常规软件工具进行捕捉、管理和处理的数据集合,是需要新处理模式处理后才能具有更强的决策力、洞察发现力和流程优化能力的海量、高增长率和多样化的信息资产。而在《大数据时代》(维克托·迈尔-舍恩伯格及肯尼思·库克耶著)中,大数据指不用随机分析法(抽样调查)这样的捷径,而采用所有数据进行分析处理的方法。IBM 提出了大数据的 5V 特点:volume(大量)、velocity(高速)、variety(多样)、value(低价值密度)、veracity(真实性)。

大数据往往可以取代传统意义上的抽样调查,大部分数据可以通过物联网实时获取。大数据往往混合了来自多个数据源的多维度信息。大数据为物联网增加了分析价值,为智能决策提供依据。

1.6.3 边缘计算

随着 5G、物联网时代的到来及云计算应用的逐渐增加,传统的云计算技术已经无法满足终端侧"大连接、低时延、大带宽"的需求。随着边缘计算(edge computing)技术的出现,云计算将必然发展到下一个技术阶段,将云计算的能力拓展至距离终端最近的边缘侧,并通过云边端的统一管控实现云计算服务的下沉,提供端到端的云服务。

和云计算出现的时候一样,目前业界对边缘计算的定义和说法有很多种。ISO/IEC JTC1/SC38(云计算和分布式平台)对边缘计算给出的定义为:边缘计算是一种将主要处理和数据存储放在网络的边缘节点的分布式计算形式。边缘计算产业联盟(Edge Computing Consortium,ECC)对边缘计算的定义是:"边缘计算是在靠近物或数据源头的网络边缘侧,融合网络、计算、存储、应用核心能力的开放平台,就近提供边缘智能服务,满足行业数字化在敏捷联接、实时业务、数据优化、应用智能、安全与隐私保护等方面的关键需求。"

上述边缘计算的各种定义虽然表述上各有差异,但基本都在表达一个共识:在更靠近终端的网络边缘上提供服务。在物联网时代,数以千亿计的各种设备将会联网,大量的摄像头、传感器将会成为物联网世界的眼睛,是智慧化服务的基础。万物互联时代的基本需求是低时延、大带宽、大连接、本地化,边缘计算是物联网时代不可或缺的基础设施之一,正逐步发展成为"全球覆盖,无处不在"的通用基础设施。未来边缘计算和云计算是相辅相成、相互配合的。边缘计算的定位是拓展云的边界,能够把计算力拓展到离"万物""一公里"以内的位置。

随着行业数字化转型进程的不断深入,在技术与商业的双重驱动下,边缘计算产业将持续走向纵深。总体上,边缘计算产业可以分为连接、智能、自治三个发展阶段。

1)连接

主要实现终端及设备的海量、异构与实时连接,网络自动部署与运维,并保证连接的安全、可靠与互操作性。典型应用如远程自动抄表,电表数量达百万、千万级。

2）智能

边缘侧引入数据分析与业务自动处理能力，智能化地执行本地业务逻辑，大幅提升效率，降低成本。典型应用如电梯的预测性维护，通过电梯故障的自诊断和预警，大幅减少人工例行巡检的成本。

3）自治

在人工智能等新技术使能下，边缘计算的智能化将得到进一步发展。边缘计算不但可以自主进行业务逻辑分析与计算，并且可以动态实时地自我优化、调整执行策略。典型应用如无人工厂。

边缘计算与云计算各有所长，云计算擅长全局性、非实时、长周期大数据的处理与分析，能够在长周期维护、业务决策支撑等领域发挥优势；边缘计算更适用于局部性、实时、短周期数据的处理与分析，能更好地支撑本地业务的实时智能化决策与执行。

因此，边缘计算与云计算之间不是替代关系，而是互补、协同关系（简称边云协同）。边缘计算与云计算需要通过紧密协同才能更好地满足各种场景需求，从而放大边缘计算和云计算的应用价值。边缘计算靠近执行单元，是云端所需高价值数据的采集和初步处理单元，可以更好地支撑云端应用；云计算对大数据进行分析优化，输出的业务规则和模型可以下发到边缘侧，让边缘计算基于新的业务规则或模型运行。

目前，边云协同已经涵盖了包括内容分发网络（content delivery network，CDN）、工业互联网、能源、交通、安防、农业、医疗、游戏、智能家庭等诸多场景，新的场景仍然不断地被开发和创造出来，边缘计算的应用未来几年将迎来爆炸式增长。

内容分发网络是一个典型的边缘计算场景。目前很多公司和团队由于业务架构需要，在全国各地的运营商 IDC（internet data center，互联网数据中心）机房采购资源，自建多个边缘计算节点。这些业务的共同痛点是重资产、业务弹性大、运维投入大。

Link IoT Edge 是阿里云物联网边缘计算解决方案，是阿里云能力在边缘端的拓展。它继承了阿里云安全、存储、计算、人工智能的能力，可部署于不同量级的智能设备和计算节点中，通过定义物模型连接不同协议、不同数据格式的设备，提供安全可靠、低延时、低成本、易扩展、弱依赖的本地计算服务。同时，Link IoT Edge 可以结合阿里云的大数据、AI 学习、语音、视频等能力，打造出云边端三位一体的计算体系。

1.6.4　物联网信息安全

在物联网时代，信息安全和隐私保护问题变得越来越重要，对信息安全保护的需求也不再局限于对数据内容的机密性保护。事实上，物联网应用系统中对信息安全的要求更多的是认证性，即对数据来源和数据完整性的确认，对设备身份的确认，以及对会话密钥的建立等。

物联网安全主要属于信息安全中的网络安全领域，特别是无线网络安全的范畴，但是，由于物联网的概念涵盖的范围非常广泛，例如包括了物联网的终端系统（如 RFID、传感器节点、数据库系统及服务器等），因此物联网安全也会涉及信息系统安全的内容如操作系统安全、软件安全、数据库安全等。物联网安全的网络安全部分，主要包括无线网络安全和有线网络安全，特别是具有物联网安全自身特色的内容。

通常网络安全的知识单元包括网络安全概念、防火墙、入侵检测系统、虚拟专用网、网络协议安全、网络安全漏洞检测与防护、web 安全等，这些多针对有线网络。

无线网络安全的知识单元包括无线局域网安全、无线城域网安全、无线广域网安全、无线个域网安全、无线体域网安全、无线自组织网络安全等。无线网络安全涵盖了通信网安全。

物联网安全学科不是通常网络安全与无线网络安全研究内容的简单合并，而是在两者基础之上，更多地关注融合后新出现的安全问题及新的网络形态下的安全问题。

因此，在基本的如融合、异构、资源受限节点、大规模节点等约束条件下，或者在具体应用情形下，或者在特有网络架构下，去发现安全问题并解决这些问题时，这里更加强调利用密码学特别是轻量级密码学的方法，因为利用密码学这一解决信息安全问题的基本工具来解决物联网安全问题，可能会更加深刻、更加精巧。当然，也需要考虑到具体的安全需求，对于机密性、完整性、认证性、不可否认性等问题，通常使用密码学工具；对于信任管理、隐私性、可用性、健壮性等问题，则可以利用更多种类的方法。

第2章　物联网平台及协议介绍

物联网场景的多样性,使得没有任何一个产品能解决所有问题,物联网平台也一样。国内外流行的物联网云服务提供商有哪些?选择合适的物联网平台,第一步就是要了解目前国内外的知名物联网平台。

风起云涌的物联网,随着国内外大公司的入局,形式也逐渐明朗起来。物联网不仅仅是硬件接入的一个网,还包括入网后大数据的存储、呈现、分析和预测等,以及人工智能技术的深度融合对传统的各行各业带来的巨大的改变。

2.1　国内物联网平台

1. 百度天工

百度智能物联网平台(即百度天工,网址:https://cloud.baidu.com/solution/iot/index.html)以云-边-端及时空数据管理能力为核心优势,提供完善易用的物联网基础设施,为重点行业提供端到端的物联网解决方案。百度天工是融合了百度云 ABC(人工智能 AI、大数据 big data、云计算 cloud computing)的"一站式、全托管"智能物联网平台。该物联网平台赋能物联网应用开发商和生态合作伙伴从"连接""理解"到"唤醒"的各项关键能力,从而轻松构建各类智能物联网应用,促进行业变革。

百度天工物联基础套件以物影子为核心的开发模型致力于成为云端描述真实世界的载体,提供设备管理、数据接入、协议解析等基础功能,更方便对接时序数据库、物可视等产品服务,如图 2-1 所示。

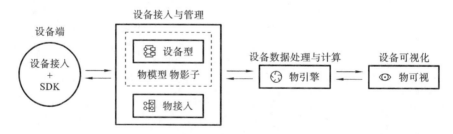

图 2-1　百度智能物联网平台

2. 阿里云物联网

阿里云物联网平台(网址:https://www.aliyun.com/product/iot)提供了一站式的设备接入、设备管理、监控运维、数据流转、数据存储等服务,数据按照实例维度隔离,可根据业务规模灵活提升规格,具备高可用性、高并发、高性价比的特性,是企业设备上云的首选。

阿里云物联网套件帮助开发者搭建安全且性能强大的数据通道,方便终端(如传感器、执行器、嵌入式设备或智能家电等)和云端的双向通信。全球多节点部署让海量设备在全球范围内都可以安全、低延时地接入阿里云 IoT Hub。

3. 腾讯 QQ 物联

2014 年 10 月,"QQ 物联智能硬件开放平台"发布。QQ 物联(网址:http://iot. open. qq. com)让每一个硬件设备,变成用户的 QQ"好友"。QQ 物联将 QQ 账号体系、好友关系链、QQ 消息通道及音视频服务等核心能力提供给可穿戴设备、智能家居、智能车载、传统硬件等领域的合作伙伴,实现用户与设备、设备与设备、设备与服务之间的联动。另外,QQ 物联充分利用和发挥腾讯 QQ 的亿万手机客户端及云服务的优势,可更大范围帮助传统行业实现互联网化。

4. 京东微联

京东微联(网址:http://devsmart. jd. com)是针对智能硬件产品专门推出的一项云服务,致力于打造一个多方共赢的智能硬件生态链。依靠京东智联云强大的技术积累,京东微联为合作伙伴提供从物联网技术、大数据分析、开放平台、京东智能云 APP 等全方位的技术能力,从而帮助众多硬件厂家快速、便捷地实现产品智能化。

5. 中国移动 OneNET

OneNET 平台(网址:http://open. iot. 10086. cn)提供设备全生命周期管理相关工具,帮助个人、企业快速实现大规模设备的云端管理;开放第三方 API(application program interface,应用程序接口),推进个性化应用系统构建;提供定制化"和物"APP,加速个性化智能应用生成。

6. 中国电信物联网开放平台

中国电信物联网开放平台(网址:https://www. ctwing. cn),可解决异构网络、协议适配、海量连接、设备管理、规则引擎、应用管理、数据存储等物联网应用开发问题,缩短开发周期、降低运维开发成本,促进个人或企业物联网产品创新升级。该平台的物联网使能服务是专门为物联网领域的开发人员推出的,其目的是帮助开发者搭建安全性能强大的数据通道,方便终端(如传感器、执行器、嵌入式设备或智能家电等)和云端的双向通信。并且,全球多节点部署让海量设备在全球范围内都可以安全低延时接入物联网,百万消息并发。

7. 华为云 IoT

华为云 IoT(网址:https://www. huaweicloud. com/product/IoTCollect. html)提供全栈全场景服务和工具,可以助力用户轻松、快速地构建 5G、AI 万物互联的场景化物联网解决方案。利用华为物联网平台,用户可以方便地将海量物联网终端连接到物联网平台,实现设备和平台之间数据采集和命令下发的双向通信,对设备进行高效、可视化的管理,对数据进行整合分析,并通过调用平台面向行业强大的开放能力,快速构建创新的物联网业务。

8. 机智云

机智云平台(网址:http://www. gizwits. com)是广州机智云物联网科技有限公司推出的面向个人、企业开发者的一站式智能硬件开发及云服务平台。该平台为需要 IoT 建设的企业/团队提供了从定义产品、设备端开发调试、应用开发、产品测试、云端开发、运营管理、数据服务等覆盖智能硬件接入到运营管理全生命周期服务的能力。

9. 庆科云 FogCloud

FogCloud(网址:https://v2. fogcloud. io)是面向消费电子生产商、工业设备生产商和集成商的企业级物联网云服务平台。

FogCloud为开发者提供便捷的智能硬件接入服务,同时提供包括产品/APP管理、消息流通、数据存储在内的强大云端服务,拥有丰富的云端功能,让开发者无须耗费精力在后端处理、底层构建、协议转换等工作上,而只需关注产品的顶层应用。

10. AbleCloud

AbleCloud(网址:https://www.ablecloud.cn)提供设备端、APP端、云端三位一体的开发平台,能够大幅降低物联网产品和应用的开发难度,让厂商的开发者从解决海量设备和用户访问带来的高并发、高可用、安全性等一系列基础问题中解放出来,更多地专注在设备端、APP端、应用端的业务逻辑上,专心做好产品和服务的用户体验,并在极短时间内完成自身产品的联网智能化。

11. Yeelink

一家中国的创业公司——Yeelink(网址:http://www.yeelink.net/)——正在利用无线网络、开源硬件和软件,当然还有智能手机和APP来进行物联网平台的开发和建设。Yeelink数字家庭物联网数据服务平台提供统一的物联网数据服务接口,家庭设备可将采集的数据通过接口上传,以数据模型形式存储,可预设规则执行触发动作,实现特定事件监测和预警。该平台还提供可定制的数据可视化界面,以图表形式呈现动态变化的家庭物联网数据,将复杂的传感器以极简的方式组织到同一个网络内。Yeelink专注于LED(light emitting diode,发光二极管)智能灯的研发,自有品牌为Yeelight。

12. 金山云

金山云(网址:https://www.ksyun.com/),金山集团旗下云计算品牌,是全球领先的云计算服务提供商,中国TOP3的云计算公司。金山云创立于2012年,在北京、上海、广州、杭州等国内地区,以及美国、俄罗斯、新加坡等国际区域设有绿色节能数据中心及运营机构。金山云已推出包含云服务器、云物理主机、关系型数据库、缓存、表格数据库、虚拟私有网络、CDN、托管Hadoop等在内的具有对象存储、负载均衡、云安全、云解析等功能的完整云产品,以及适用于游戏、视频、政务、医疗、金融等垂直行业的云服务解决方案。金山云一直在进行人工智能的研究和实践工作,推出了覆盖IaaS、Paas、SaaS、行业解决方案四个层面,适用于各行业的多种组合型AI解决方案和服务。

2.2　国外物联网平台

1. 亚马逊AWS IoT

亚马逊物联网平台(网址:https://amazonaws-china.com/cn/iot/(通过北京光环新网技术提供))专注于家居互联和工业物联网领域,实现了物理世界和云端的连接。

亚马逊AWS IoT是一款托管的云平台,使互联设备可以轻松安全地与云应用程序及其他设备交互。该平台可支持数十亿台设备和数万亿条消息,并且可以对这些消息进行处理,将其安全可靠地路由至AWS终端节点和其他设备。

AWS IoT设备SDK(软件开发工具包)使用MQTT(消息队列遥测传输)协议、HTTP

（超文本传送协议）或 WebSocket 协议将硬件设备连接到 AWS IoT,提供了开源库、带有示例的开发人员指南和移植指南,用户根据硬件平台构建 IoT 产品或解决方案。

AWS IoT 设备网关支持设备安全高效地与 AWS IoT 进行通信。设备网关可以使用发布/订阅模式交换消息,从而支持一对一和一对多的通信。凭借此一对多的通信模式,AWS IoT 将支持互连设备向多名给定主题的订阅者广播数据。设备网关支持 MQTT、Web-Socket 和 HTTP 1.1 协议,也支持私有协议。

AWS IoT 在所有连接点处提供相互身份验证和加密。用户可以使用 AWS IoT 生成的证书及由首选证书颁发机构（CA）签署的证书,将所选的角色或策略映射到每个证书,以便授予设备或应用程序访问权限,或撤销访问权限。此外,该平台还支持用户的移动应用使用 Amazon Cognito 进行连接,Amazon Cognito 将负责执行必要的操作来为用户创建唯一标识符并获取临时的、权限受限的 AWS 凭证。

亚马逊物联网平台拥有较好的开发生态圈,为开发者提供物联网开发过程中,包括硬件底层开发到应用顶层开发的解决方案。

2. 微软 Azure 平台

在中国,由世纪互联运营的 Microsoft Azure（网址：https://www.azure.cn/zh-cn）是在中国大陆独立运营的公有云平台。Azure 云平台包括三个主要的产品（Windows Azure、App Fabric、SQL Azure）和一个管理工具 Fabric Controller,不仅满足了物联网开发的需要,还可轻松使用数据库、云计算资源。使用 Azure IoT 生成新的行业解决方案,可提高生产力并减少浪费,还可利用 AI 和机器学习快速处理来自各种 IoT 设备的大量数据,让开发者可以更专注于应用层的软件开发。

3. Intel 物联网开发平台

Intel 物联网开发平台（网址：https://software.intel.com/zh-cn/iot/home）可以让开发者加快物联网解决方案的落地和部署,在计算力、软硬件整合能力方面具有较大优势。另外,从前端智能设备到网关再到数据中心完整的端到端架构以可靠为基础,该平台通过 Intel Security 提供从嵌入式硬件到软件的全方位安全性保护。Intel 物联网开发平台从端到端实现安全和智能管理,加速在物联网大数据分析上的创新,可支持远程管理设备、网络和系统,可将现有设备和新增设备连接至物联网,用软件和硬件支持安全机制保护用户数据。

4. IBM Watson 物联网

在多项先进技术的共同推动下,IBM Watson 物联网（网址：https://www.ibm.com/internet-of-things/cn-zh/）已成为现实。通过将物联网数据与认知计算相结合,开发者可以构建满足需求的创新业务模式。由于集成了人工智能技术,IBM Watson 物联网平台支持有效的远程设备控制、云中的安全数据传输和存储、实时数据交换,以及机器学习等。IBM 提供的开发平台包括许多方便的工具和服务,使物联网软件的创建更加容易和高效。

● IBM 智能示范工厂案例网址：http://www-31.ibm.com/solutions/cn/industries/madeinchina2025。

● IBM 物联网开发网址：https://www.ibm.com/developerworks/cn/iot/。

5. 谷歌云平台

谷歌公司一直在采用各种技术来驱动物联网（IoT）应用,如 Nest 恒温器。谷歌公司宣布已将这些技术作为云服务提供,企业可以使用这些技术来托管自己的应用程序。需要注意的是,如果在国内的话,最好不要选用谷歌云平台,因为无法接入。

6. 通用电气的工业互联网平台

通用电气(GE)公司的工业互联网操作系统 Predix(网址:https://www.ge.com/cn/b2b/digital/predix)正在为数字工业企业提供强大助力,进而推动全球经济的发展,在航空、医疗和电力行业等工业行业有广泛应用。

与智能家居领域相比较,工业物联网对稳定性和实时性要求较高,同时根据数据可实现故障的提前检测。例如:在航空领域,一次飞机航班会产生 1 TB 数据。GE 的 Predix 平台提供了机器网关,支持终端通过 OPC-UA 或 ModBus 等工业协议进行连接。2016 年,GE 宣布向所有工业互联网开发者全面开放 Predix 平台,并收购 Bit Stew 和 Wise.io 两家 AI 新创公司以强化 Predix。

7. 思科物联网云连接平台

思科致力于为基于移动云的物联网解决方案创建一个方便的平台。思科服务支持语音和数据通信、物联网应用程序的定制开发。思科物联网(网址:https://www.cisco.com/c/zh_cn/solutions/internet-of-things/overview.html)可为企业快速部署工业网络解决方案,为企业提供稳健、自动化且高度安全的连接,确保物联网运营平稳有序。用户可利用思科 Kinetic 物联网平台来提取、计算和传输数据,从物联网数据中获取最大价值。思科物联网可加速全数字化转型,扩展企业业务范围,并为企业决策提供依据。

8. 博世物联网套件

博世物联网套件(网址:http://www.boschsi.cn/china/portfolio-solutions/iot-suite/iot-suite.html)是一种支持云技术的软件平台,可用于开发物联网领域的各种应用。博世物联网套件能够让博世集团及其客户通过它构建更多的物联网解决方案和项目。目前,已有超过 500 万台设备和机器通过博世物联网套件实现广泛互联。博世物联网套件服务已与博世物联网云市场集成一体。

9. Oracle 物联网

Oracle 是一家全球软件公司,以其在数据库管理、云计算和企业软件领域的高级解决方案而闻名。当然,Oracle 产品系列也包括物联网解决方案。借助 Oracle 物联网(网址:https://www.oracle.com/cn/solutions/internet-of-things/),用户可以将物联网数据流中蕴含的有用信息引入企业业务中,可以让任何类型的设备连接至强大的物联网数据管理和分析平台。这不仅能降低风险,还能帮助企业比竞争对手更快地推出创新性的新服务,使企业可以安全地连接、分析和集成联网设备及企业应用中的大量实时 IoT 数据。

除了上述这些物联网平台,国外还有 PTC(Parametric Technology Corporation,美国参数技术公司)的 ThingWorx 平台、ABB 的 Ability 平台、施耐德的 EcoStruxure 平台、西门子的 MindSphere、菲尼克斯电气的 ProfiCloud、库卡的 KUKA Connect、罗克韦尔的 FactoryTalk TeamONE 等较为知名,制造业巨头德国大众和日本日立也正在斥巨资进行专项研究,建立软件平台,最大化挖掘数据价值;在国内,有三一重工的根云、海尔的 COSMOPlat、航天科工的 INDICS 等布局领先。

2.3　物联网相关协议

物联网设备通信的特点包括无线、低速率和低功耗。对于开发人员来说，WiFi 是极具吸引力的选择。首先，WiFi 能够提供高速率的数据传输；其次，WiFi 已经高度普及，几乎遍布城市的每个角落。但是，WiFi 对于物联网应用来说功耗过高。随着物联网设备的微型化、便携化，设备对低功耗的需求尤为强烈。无线芯片的通信能耗通常是物联网节点能耗的主要部分，对于依赖电池供电的物联网设备来说，能进行低功耗通信十分关键。然而，低功耗通信在降低能耗的同时，也限制了传输距离。

本章节首先聚焦于物联网接入协议，如 IEEE 802.15.4 协议、ZigBee 协议、传感网协议和蓝牙协议，并对这些短距离低功耗协议进行了对比分析，接着介绍了低功耗广域网（如 LoRa、NB-IoT、HaLow、Sigfox）协议，以利于开发者选择合适的接入协议和技术，然后讨论了物联网数据通信协议，如 CoAP（受限应用协议）、MQTT、Modbus、HTTP 和 WebSocket。

2.3.1　IEEE 802.15.4 协议

IEEE 802.15.4 由美国电气与电子工程师协会（Institute of Electrical and Electronics Engineers，IEEE）于 2003 年 10 月发布，覆盖了低速无线个人区域网络的物理层和 MAC（medium access control，介质访问控制）层。IEEE 802.15.4 标准致力于实现低成本、低传输速率、低功耗的无线连接。为了控制无线产品的总体成本，同时降低设备功耗以延长电池寿命，IEEE 802.15.4 在多个性能指标上做出了合理的权衡。符合 IEEE 802.15.4 标准的设备使用非授权频段，最大限度降低了项目实施方和用户的管理成本。

随着 IEEE 802.15.4 标准持续的发展，IEEE 802.15.4 增加了对中国和日本新引入的无线传感网络频段的支持，并增加了新的技术特点，支持新型的无线应用。例如，2009 年 3 月的修订版本 IEEE 802.15.4c 增加了两个专门用来解决我国新开放的 779~787 MHz 无线传感网络频段（也称为 780 MHz 中国频段）的物理层。

IEEE 802.15.4 协议进化历程如下。
- 2003 年：802.15.4 初始版本发布。
- 2006 年：802.15.4b 发布，对物理层和 MAC 层做了技术改进。
- 2007 年：802.15.4a 发布，增加对精密测距和定位，以及更高吞吐量的支持。
- 2009 年：802.15.4c/802.15.4d 发布，分别增加对中国 780 MHz 频段和日本 950 MHz 频段的支持。
- 2012 年：802.15.4e/802.15.4f 发布，其中 802.15.4e 增加对 MAC 层时分多路访问（time division multiple access，TDMA）和信道调频的支持；802.15.4f 增加对 RFID 系统与定位应用的支持。
- 2017 年：新版本 802.15.4v 发布，增加对欧洲 870~876 MHz 频段、墨西哥 902~928 MHz 频段等多个地区频段的支持。

2.3.2 ZigBee 协议

ZigBee 协议,又称紫蜂协议,是基于 IEEE 802.15.4 标准的低功耗短距离无线网络协议,被业界认为是最有可能应用在工控场合的无线通信方式。ZigBee 协议栈的物理层和 MAC 层由 IEEE 802.15.4 定义,而上层的网络层和应用层由 ZigBee 联盟定义。ZigBee 技术具有低功耗、低速率、低成本、组网灵活等优点。ZigBee 协议的典型应用包括智能家居、路灯监控、农业和工业监控等。

2.3.3 传感网协议

传感网是由大量低功耗节点组成的无线自组织多跳网络,能够实时感知、处理和传输网络覆盖区域内监测对象的信息。传感网通常被认为是物联网的神经末梢,用来实现对物理世界的感知。传感网(通信)协议是传感网感知应用的基础。传感网协议主要基于 IEEE 802.15.4 的协议架构,支持多种通信芯片,IEEE 802.15.4 具有高度开放性,促进了大量关于传感网协议的研究工作的产生。

在低功耗 MAC 方面,2002 年出现了基于同步机制的 MAC 协议 S-MAC;2004 年,为了进一步降低功耗,出现了由发送方发起的 LPL-MAC 机制;2008 年,出现了由接收方发起的 RI-MAC 机制,在此基础上,2010 年提出的 A-MAC 机制进一步降低了发送方功耗。

在组网技术方面,2009 年出现了 CTP(数据汇聚协议),支持多对一的路由模式。为了使传感网无缝接入互联网,因特网工程任务组(Internet Engineering Task Force, IETF)于 2004 年 11 月正式成立了 6LowPAN 工作组,致力于将 IPv6 与 802.15.4 相结合,标准化基于 IPv6 的低功耗无线个人区域网络。在此基础上,2010 年,IETF ROLL 工作组提出用于低功耗易丢失网络的 IPv6 路由协议(IPv6 routing protocol for low-power and lossy networks,RPL),支持多对一、一对多、一对一的路由模式。

低功耗 MAC 协议决定了无线信道的使用方式,其性能直接影响整个网络的性能。它是保障无线传感网高效通信的关键技术之一。低功耗 MAC 协议需要考虑以下几个方面的内容。

(1)能量效率:由于无线传感网应用的特殊性,低功耗 MAC 协议要尽可能地节约能量,提高能量效率,从而延长整个网络的生存周期。

(2)可扩展性:低功耗 MAC 协议负责搭建无线传感网底层通信系统的基础结构,必须能够适应无线传感网规模、网络负载及网络拓扑的动态变化。

(3)网络效率:包括网络的可靠性、实时性、吞吐量、公平性、服务质量等。

(4)算法复杂度:众多节点协同完成应用任务,必然增加算法的复杂度。

(5)与其他层协议的协同:通过跨层设计,系统的整体性能得到优化。

2.3.4 蓝牙低功耗协议

蓝牙是工作在 2.45 GHz 频段的一种短距离通信技术规范。蓝牙技术由爱立信公司于 1994 年推出,起初的目标是在移动电话和其他配件间进行低功耗、低成本无线通信连接。1999 年,由索尼公司、爱立信公司、IBM 公司、英特尔公司、诺基亚公司、东芝公司共同组成蓝牙技术联盟(Bluetooth Special Interest Group,Bluetooth SIG),来共同维护其技术标准。随着蓝牙技术联盟发展壮大,蓝牙技术也在不断演进。蓝牙 4.0 规范的重要特性是低功耗,此版本被称为蓝牙低能耗(bluetooth low energy,BLE),也称为低功耗蓝牙。低功耗蓝牙的发展历程如下。

- 2010 年:蓝牙 4.0 规范开始支持低功耗蓝牙。实际上从 4.0 开始,蓝牙规范支持传统蓝牙、低功耗蓝牙和高速蓝牙的技术融合,具有低功耗、经典和高速三种模式。低功耗运行可以使一颗纽扣电池支持蓝牙设备运行一年。

- 2013 年:蓝牙 4.1 规范进一步降低功耗,提高传输效率。该版本融入了物联网思想,蓝牙节点可以同时发送和转发信息,实现多个节点互联,并且加入了 IPv6 上网支持。

- 2014 年:蓝牙 4.2 规范加强了物联网部分,支持 IPv6/6LowPAN 或 BLE 网关,具有更高的传输速度、更低的能耗和更高的安全性。

- 2016 年:蓝牙 5.0 规范提高了低功耗性能,低功耗有效传输距离可达 300 m,这一传输距离是蓝牙 4.2 低功耗版本的 4 倍;同时具有定位辅助功能,结合 WiFi 可以实现 1 m 内定位。

BLE 协议栈简介如下。

在 BLE 中有两种设备类型:Master 和 Slave。在组网时 BLE 设备构成了星形网络,该网络被称为 Piconet 或者微微网。在该网络中,中心设备和周围设备能够相互通信。单个 Master 可以连接多个不同的 Slave,但是任一 Slave 都只能连接到唯一的 Master。

BLE 协议栈主要包括低功耗物理层、低功耗链路层、L2CAP(logic link control and adaptation protocol,逻辑链路控制和适配协议)层、SMP(安全管理协议)层、ATT(属性协议)层和 GATT(通用属性协议)层。其中,基于 BLE 的 Mesh 层对现有的 BLE 协议进行了重写,因此,从低功耗链路层往上都不再复用现有的 BLE 协议。

2.3.5　主流短距离通信协议比较

IEEE 802.15.4 协议、BLE 协议和 IEEE 802.11b 协议的常见工作频段都为 2.4 GHz,该频段是全球通用的免授权频段之一。为了保证大家都能合理使用,美国联邦通信委员会(FCC)对工作在该频段的设备,规定了其最大传输功率。低功耗的通信也限制了通信距离,三种协议的无线收发器最大传输功率和最大通信距离如表 2-1 所示。

表 2-1　三种协议对比

协　　议	最大传输功率	最大通信距离
IEEE 802.15.4	100 mW 或 20 dBm	100 m
BLE	10 mW 或 10 dBm	100 m
IEEE 802.11b	1 W 或 30 dBm	140 m

与设备上的其他部件相比,无线收发器功耗通常占据了设备功耗的大部分。降低通信功耗的主要方法是实现节点通信的低占空比,节点可以通过在活动状态和睡眠状态之间交替来实现低占空比运行。其中,节点在活动状态下开启无线通信模块并且在睡眠状态下关闭它。符合 IEEE 802.15.4 标准的设备能够以很低的占空比运行,即设备中的无线通信模

块能够在 99% 的总运行时间内都处于非活跃状态。

影响通信距离最重要的因素包括发射功率、路径损耗和接收灵敏度。路径损耗是无线电信号在空间的传播过程中,因环境影响而造成的损耗。在无线传感器网络中,为了获得最大的覆盖范围,节点往往组成多跳网络。

2.3.6 低功耗广域网协议

随着物联网的快速发展,联网设备增多,设备的类型及应用场景更加丰富,越来越多的设备需要广范围、远距离的连接,如用于远程控制、物流追踪等。因此,为满足越来越多远距离物联网设备的连接需求,低功耗广域网络应运而生。

低功耗广域网(low power wide area network,LPWAN)作为物联网通信的方式之一,相比于通信范围不超过 100 m、数据传输速率最高可达 100 Mbit/s 的短距离无线通信,可真正实现大区域物联网低成本覆盖,是当今世界的研究和应用重点,亦可预见其在未来的智能领域将会有更多元的应用。

低功耗广域网技术与蓝牙、WiFi、ZigBee、IEEE 802.15.4 等无线连接技术相比,传输距离更远;与蜂窝技术(如 GPRS、3G、4G 等)相比,连接功耗更低。

低功耗广域网的主要特点如下。

- 远距离:覆盖范围广,可达几十千米。
- 低功耗:电池寿命可长达 10 年。亦可使用太阳能供电。
- 低数据速率:占用带宽小,传输的数据量少,通信频次低。
- 低成本:规模大,要求部署的成本低。
- 传输时延不敏感:对数据传输实时性要求不高。
- 覆盖范围大:使用网关或基站,网络基础建设所需数量少。
- 网络信号穿透力强:大多数技术工作在 Sub-GHz(1 GHz 以下,即 27~960 MHz)频段。

低功耗广域网技术主要可分为两类。一类是基于现有开放标准的技术,工作于授权频谱下,需授权方可使用,如窄带物联网(NB-IoT)技术、低功耗长距离无线通信技术(HaLow)等。此类技术虽基于全球标准,但落地需要经过多方博弈,因此其产业化进程较慢。另一类是企业专门开发的技术,工作于非授权频谱下,如 LoRa、Sigfox 和 RPMA 等。这类技术已进入规模部署阶段,但也面临选型的激烈竞争。下面介绍几种主流的低功耗广域网技术,并对其特性进行比较说明。

1. LoRa

LoRa 技术是由 Semtech 公司研发的低功耗联网技术,2015 年 3 月 LoRa 联盟成立,并将 LoRa 协议命名为 LoRaWAN。LoRa 技术最大的优势就是低功耗、易组网、成本低、传输距离远等,可以满足长时间的运作,电池供电使用时间长达数年。LoRaWAN 非常适合大规模部署,比如在智慧城市中的市政设施检测或者无线抄表等应用领域。目前全球有数百万个物联网节点运用 LoRa 技术。在大量应用中,LoRa 与 NB-IoT 的授权频谱技术形成互补,双方完全可以共存。

LoRaWAN 主要在全球免费频段即非授权频段运行,这些频段包括 433 MHz、868

MHz、915 MHz 等。LoRaWAN 主要由终端(需内置 LoRa 模块)、网关(或称基站)、服务器和云四部分组成,应用数据可双向传输。

2. NB-IoT

NB-IoT 是一种基于蜂窝电信频段的低功耗广域网无线电技术标准,是 3GPP(第三代合作伙伴计划,2016 年 3GPP 规范第 13 版冻结)标准化的移动物联网技术中的一种。

NB-IoT 具有强链接、高覆盖、低功耗、低成本等特点,可面向低端物联网终端,更适合广泛部署,可应用于以智能抄表、智能停车、智能追踪为代表的智能家居、智能城市、智能生产等领域。

NB-IoT 基于蜂窝网络,只消耗大约 180 kHz 的带宽,可直接部署于 GSM 网络、UMTS 网络或 LTE(long term evolution,长期演进技术,一种无线宽带技术)网络,以降低部署成本、实现平滑升级。

3. HaLow

2016 年 1 月,WiFi 联盟(WiFi Alliance)发布满足 IEEE 802.11ah 的新标准,并将其命名为 HaLow。802.11 协议组是 IEEE 为无线局域网络制定的标准。其中,802.11ah 是专注于传输距离、低功耗市场的标准。

HaLow 采用现有的无线网络协议,在 1 MHz 下的低频段运行,从现有的 2.4 GHz 宽带变相扩展到 900 MHz 频段中,从而实现更大范围、更低能耗的连接。HaLow 的传输距离可达一般 WiFi 的两倍,约 1 km,而且不仅仅是信号传输距离变远,在一些对穿墙性能有着较高要求的特定环境下能够有效连接,传输效能保持在 100 kbps 以上。

HaLow 很大程度上对 IoT 及连接家用设备相当关键。如装载于门内的传感器、灯泡、摄像头等设备,需要足够的功率将数据传输至可能较远距离的控制中心或路由器。现有的 WiFi 标准在电池续航和远距离传输的问题上,会有一定的局限性。HaLow 标准就可以较好地满足这种场景,并在智能家居、汽车、零售业、农业、智能城市环境等各种注重能效的应用场景上发挥作用。

4. Sigfox

Sigfox 协议由法国 Sigfox 公司在 2010 年成立初期推出,是工作在 Sub-GHz 非授权频段的低功耗广域网络技术,旨在构建低成本、低功耗的物联网专用网络。

Sigfox 网络使用超窄带(ultranarrowband,UNB)技术,数据处理速率为 10~1000 bit/s,使得网络设备消耗功率为 50~100 μW/s。相比较而言,移动电话通信则需要约 5000 μW/s。接入 Sigfox 网络的设备每条消息最大的长度大约为 12 B,并且每天每个设备所能发送的消息不能超过 140 条。网络覆盖范围可以达到 1000 km 并且每个基站能够处理 100 万个对象。相对于无线局域网技术,Sigfox 的专用网络具有覆盖范围广、即买即用的特点。另外,接入其网络不需要购买网关,不用进行配置,也不需要设备进行配对。

Sigfox 商业模式是将其超窄带网络与运营商的蜂窝网络搭配使用。目前,Sigfox 网络已经覆盖到西班牙、法国、俄罗斯、英国、荷兰、美国、澳大利亚、新西兰、德国等几十个国家。由于价格便宜,Sigfox 已经几乎覆盖整个法国。

2.3.7 常见物联网云平台数据传输协议

随着物联网云平台技术的不断完善,开发者自己搭建物联网平台将耗费太大成本,而直接使用已有的第三方物联网平台来部署自己的物联网系统,将为开发者降低成本,快速构建物联网应用系统。本章前面章节已有关于国内外知名物联网平台的介绍,大家可以根据系统实际需要去选择即可,有些平台可以免费试用,但是商用时要付费,有些平台是只向企业用户开放。若要将物联网感知层采集的数据上传至云平台,则需要了解物联网平台的数据传输协议,一般物联网云平台支持的协议有 CoAP(LWM2M)、MQTT、Modbus、HTTP、TCP(transmission control protocol,传输控制协议)、UDP(user datagram protocol,用户数据报协议)等。

1. CoAP 协议

CoAP 是受限制的应用协议(constrained application protocol)的代名词。它基于UDP,也就是在设备终端上只需要底层实现 UDP,而不需要实现较为复杂的 TCP,但这种协议在实际开发中用得比较少。它采用 URL(uniform resource locator,统一资源定位符)标识需要发送的数据,非常容易理解,同时做了以下几点优化。

(1) 采用 UDP 而不是 TCP。这省去了 TCP 建立连接的成本及协议栈的开销。

(2) 将数据包头部都采用二进制压缩,减小数据量以适应低网络速率场景。

(3) 发送和接收数据可以异步进行,这样提升了设备响应速度。

在 IPv6 没有普及之前,CoAP 只能适用于局域网内部通信,这也极大限制了它的发展。其具有以下特点:使用 NB-IoT;对于深度和广度覆盖要求高;对成本和功耗十分敏感;对数据传输的实时性要求不高;存在海量连接,需要传输加密;周期性上报特点明显;可应用于水、电、气、暖等智能表具和智能井盖等市政场景。

2. MQTT 协议

MQTT(message queuing telemetry transport,消息队列遥测传输)协议是 IBM 公司针对物联网提出的一种轻量级协议,建立于 TCP/IP(internet protocol,互联网协议)层协议之上。MQTT 协议很好地解决了 CoAP 存在的功耗高、实时性不高等问题,MQTT 协议采用发布/订阅模式,所有的物联网终端都通过 TCP 连接到云端,云端负责管理各个设备关注的通信内容,并转发设备与设备之间的消息。MQTT 协议在设计时就考虑到不同设备的计算性能的差异,因此所用的协议是采用二进制格式编解码,并且编解码格式都非常易于开发和实现,最小的数据包只有 2 B,对于低功耗低速网络也有很好的适应性。MQTT 协议有非常完善的 QoS(quality of service,服务质量)机制,根据业务场景可以选择最多一次、至少一次、刚好一次三种消息送达模式。MQTT 协议运行在 TCP 协议之上,同时支持 TLS(TCP+SSL(secure socket layer,安全套接字层))协议,并且由于所有数据通信都经过云端,因此其安全性得到了较好的保障。其具有以下特点:需要设备上报数据到平台;需要实时接收控制指令;有充足的电量支持设备保持在线;需要保持长连接状态;可应用于共享经济、物流运输、智能硬件、M2M 等多种场景。

3. Modbus 协议

Modbus 协议是一种串行通信协议,是 Modicon 公司(现在的施耐德电气 Schneider

Electric公司)于 1979 年为使用可编程逻辑控制器(PLC)通信而发表。Modbus 协议已经成为工业领域通信协议的业界标准,现在是工业电子设备之间常用的连接方式,一般适用于使用 Modbus＋DTU(数据传输单元)进行数据采集的行业。

4. HTTP 和 WebSocket 协议

在互联网时代,TCP/IP 协议已经一统江湖,现在的物联网的通信架构也是构建在传统互联网基础架构之上。在当前的互联网通信协议中,HTTP(hypertext transfer protocol,超文本传送协议)由于开发成本低、开放程度高,几乎占据大半江山,因此很多厂商在构建物联网系统时也基于 HTTP 进行开发,包括谷歌公司主导的 physic web 项目,都是期望在传统 web 技术基础上构建物联网协议标准。HTTP 是典型的 C/S(client/server,客户端/服务器)通信模式,由客户端主动发起连接,向服务器请求 XML 或 JSON(JavaScript object notation,JS 对象表示法)数据。该协议最早是为了适用于 web 浏览器的上网浏览场景而设计的,目前在个人计算机(PC)、手机、平板电脑(pad)等终端上都应用广泛,但并不适用于物联网场景。在物联网场景中其有三大弊端:

(1) 必须由设备主动向服务器发送数据,难以由服务器主动向设备推送数据;

(2) 对于单向的数据采集场景还勉强适用,但是对于频繁的操控场景,只能采用设备定期主动拉取的方式,实现成本和实时性都大打折扣;

(3) 安全性不高,HTTP 是明文协议,而在很多要求高安全性的物联网场景中,如果不做很多安全准备工作(如采用 HTTPS(hypertext transfer protocol secure,超文本传输安全协议)等),则安全性得不到保障,很容易被黑客攻击。

不同于用户交互终端,如 PC、手机,物联网场景中的设备多样化,对于运算和存储资源都十分受限的设备,就无法实现 HTTP,也无法解析 XML 或 JSON 数据格式。

当然,依然有不少厂商由于开发方便的原因,选择基于 HTTP 构架物联网系统,在设备资源允许的情况下,怎么避免上面提到的数据推送实时性低的问题呢? WebSocket 是一个可行的办法。WebSocket 是 HTML5(HTML,hypertext markup language,超文本标记语言)提出的基于 TCP 之上的可支持全双工通信的协议标准,其在设计上基本遵循 HTTP 的思路,对于基于 HTTP 的物联网系统是一个很好的补充。

UDP 和 TCP 是互联网事实协议 TCP/IP 的传输层协议,可以非常方便地应用于物联网中,具体规则大家可以参考物联网平台的协议介绍,而 EDP(enhanced device protocol,增强设备协议)是中国移动 OneNET 云平台根据物联网特点专门定制的完全公开的基于 TCP 的协议,可以广泛应用于家居、交通、物流、能源及其他行业应用中,本书在基础任务实践中有所涉及,大家可以进一步学习。

一般按照运算功能强弱、处理器类型,可以将物联网硬件平台分为以下三类。

(1) 类 PC 的嵌入式设备。它们功能强大,通常采用 Intel Core CPU,可直接运行 Windows、Linux 等大型操作系统,例如:自动取款机、零售终端等。

(2) 智能物件(smart things)。它们功能相对强大,可以执行相对复杂的智能运算,通常采用 ARM Cortex-A 系列或 Intel Atom 处理器,可运行 Linux、Android 等嵌入式操作系统和软件栈,例如:边缘网关、路由器等。

(3) 物件(things)。它们功能比较弱小,通常采用 32 位以下的微控制器(MCU),可运行 TinyOS、LiteOS、AliOS Things 等物联网操作系统。例如,CrossBow 公司出品的小型低功耗的传感器节点 MicaZ、TelosB,这些节点只有 8 位或 16 位的微控制器,程序内存仅有 48～128 kB。日常生活中常见的温湿度传感器、智能灯泡等都属于物件类产品。

狭义的物联网硬件平台是指一块开发板,其中至少包含一个微控制器;广义的物联网硬件平台包含四个部分:开发板(包含微控制器)、传感模块、执行模块和通信模块。本教程中使用 STM32 开发板,并外接各种传感器、执行模块和通信模块来搭建物联网系统。

基础任务实践

微课视频　任务源代码

第3章　基于蓝牙的短距离无线通信

从 IBM 的智慧地球到思科的万物互联,物与物之间的互通之路日趋清晰。在物联网的发展过程中,无线技术已是不可缺少的传输媒介。而蓝牙技术的应用,也成了物联网的发展与产业化的催化剂,本任务实验主要学习蓝牙技术在物联网中的应用。

3.1　任务原理

3.1.1　蓝牙技术简介

蓝牙是一种支持点对点、点对多点的无线通信技术,其最基本的网络组成是微微网。蓝牙设备通过短距离的特殊网络即微微网进行连接。该网络在设备进入临近射频时自动生成,单个设备可同时与同网内多个设备通信,每个设备又能同时进入若干个微微网,可以说,蓝牙设备几乎能建立起无限的连接,完全符合物联网的通信要求。

作为一项已有近 20 年发展历史的无线技术,蓝牙产品规模化增长的产业化优势逐步凸显,为其在物联网中的应用打开了通道。未来物联网的发展进程中,蓝牙将占据重要席位。

3.1.2　蓝牙 AT 指令集

本任务用到的 ATK-HC05 模块,是一款高性能主从一体蓝牙串口模块,可以同各种带蓝牙功能的计算机、蓝牙主机、手机、PDA(personal digital assistant,个人数字助理,又称掌上电脑)、PSP(play station portable,便携式游戏机)等智能终端配对,该模块支持非常宽的波特率范围:4800~1382400 波特/秒。并且,该模块兼容 5 V 或 3.3 V 单片机系统,可以很方便地与产品进行连接,使用非常灵活、方便。该蓝牙模块通过 AT(attention)指令集进行相关的操作,要进行 AT 指令集调试,可以利用开发板的 USB(universal serial bus,通用串行总线)转 TTL(transistor-transistor logic,晶体管晶体管逻辑)模块,进入 AT 状态,修改该蓝牙模块的名称,步骤如下。

(1) 连接该蓝牙模块与开发板上的 USB 转 TTL 模块,即该蓝牙模块的 RXD 连接开发板的 TXD,该蓝牙模块的 TXD 连接开发板的 RXD。

(2) 进入 AT 状态。上电之前将 KEY 设置为 VCC,上电后,该蓝牙模块即进入 AT 指令状态(STA 状态灯慢闪)。

(3) 使用串口调试助手。串口调试助手波特率数值设置为 38400,输入指令"AT",若返回"OK",则说明工作状态正常。(注意:使用串口调试助手时要勾选"发送新行"。)

ATK-HC05 蓝牙串口模块功能都是通过 AT 指令集控制的,以下是该蓝牙模块中常用的 AT 指令。(注意:AT 指令不区分大小写,均以回车、换行字符\r\n 结尾。)

1)测试指令

ATK-HC05 蓝牙串口模块测试指令如表 3-1 所示。

表 3-1　测试指令

指　　令	响　　应	参　　数
AT	OK	无

若响应为"OK",则说明该蓝牙模块 AT 调试功能正常。

2)模块复位(重启)

ATK-HC05 蓝牙串口模块复位(重启)指令如表 3-2 所示。

表 3-2　模块复位指令

指　　令	响　　应	参　　数
AT+RESET	OK	无

若响应为"OK",则说明该蓝牙模块复位成功。

3)获取软件版本号

ATK-HC05 蓝牙串口模块获取软件版本号指令如表 3-3 所示。

表 3-3　获取软件版本号指令

指　　令	响　　应	参　　数
AT+VERSION?	+VERSION:<Param> OK	Param:软件版本号

该指令的调试方法如下:

at+ version? \r\n

例如,若响应为

+ VERSION:2.0-20100601

OK

则可知获取的软件版本号为 2.0-20100601。

4)恢复默认状态

ATK-HC05 蓝牙串口模块恢复默认状态指令如表 3-4 所示。

表 3-4　恢复默认状态指令

指　　令	响　　应	参　　数
AT+ORGL	OK	无

ATK-HC05 蓝牙模块出厂默认状态如下。

① 设备类:0。

② 查询码:0x009e8b33。

③ 模块工作角色:Slave Mode。

④ 连接模式:指定专用蓝牙设备连接模式。

⑤ 串口参数:波特率(数值),38400;停止位,1 位;校验位,无。

⑥ 配对码:1234。

⑦ 设备名称:H-C-2010-06-01。

5)获取模块蓝牙地址

ATK-HC05 蓝牙串口模块获取模块蓝牙地址指令如表 3-5 所示。

表 3-5　获取模块蓝牙地址指令

指　　令	响　　应	参　　数
AT+ADDR?	+ADDR:<Param> OK	Param:模块蓝牙地址

蓝牙地址表示方法:

NAP:UAP:LAP(十六进制)

举例说明:若模块蓝牙设备地址为 1234:56:abcdef,则输入指令

```
at+ addr? \r\n
```

得到的响应为

```
+ ADDR:1234:56:abcdef
OK
```

6)设置/查询设备名称

ATK-HC05 蓝牙串口模块设置/查询设备名称指令如表 3-6 所示。

表 3-6　设置/查询设备名称指令

指　　令	响　　应	参　　数
AT+NAME=<Param>	OK	无
AT+NAME?	1. +NAME:<Param> OK——成功 2. FAIL——失败	Param:蓝牙设备名称 默认名称:HC-05

例如:

(1)设置模块设备名称为 HC-05,下面两条指令均可。

```
AT+ NAME= HC-05\r\n
AT+ NAME= "HC-05"\r\n
```

若响应均为"OK",则说明设置成功。

同样,设置模块设备名称为 Beijin,下面两条指令均可实现。

```
at+ name= Beijin\r\n
at+ name= "Beijin"\r\n
```

若响应均为"OK",则说明设置成功。

（2）利用下面的指令，也可设置模块设备名称为 Beijin。

```
at+ name? \r\n
```

若响应为

```
+ NAME: Beijin
OK
```

则说明设置成功。

7）设置/查询模块角色

ATK-HC05 蓝牙串口模块设置/查询模块角色指令如表 3-7 所示。

表 3-7　设置/查询模块角色指令

指　　令	响　　应	参　　数
AT＋ROLE=＜Param＞	OK	无
AT＋ ROLE?	+ ROLE:＜Param＞ OK	Param:模块角色 取值如下： 0——从角色(Slave) 1——主角色(Master) 2——回环角色(Slave-Loop) 默认值：0

模块角色说明：

Slave(从角色)——被动连接；

Slave-Loop(回环角色)——被动连接，接收远程蓝牙主设备数据并将数据返回给远程蓝牙主设备；

Master(主角色)——查询周围蓝牙从设备，并主动发起连接，从而建立主、从蓝牙设备间的透明数据传输通道。

8）设置/查询配对码

ATK-HC05 蓝牙串口模块设置/查询配对码如表 3-8 所示。

表 3-8　设置/查询配对码

指　　令	响　　应	参　　数
AT＋PSWD=＜Param＞	OK	无
AT＋ PSWD?	+ PSWD：＜Param＞ OK	Param:配对码 默认配对码:1234

9）获取蓝牙模块工作状态

ATK-HC05 蓝牙串口模块获取其工作状态指令如表 3-9 所示。

表 3-9　获取蓝牙模块工作状态指令

指　　令	响　　应	参　　数
AT+STATE?	+ STATE：<Param> OK	Param：模块工作状态 返回值如下： INITIALIZED——初始化状态 READY ——准备状态 PAIRABLE——可配对状态 PAIRED——配对状态 INQUIRING——查询状态 CONNECTING——正在连接状态 CONNECTED——连接状态 DISCONNECTED——断开状态 UNKNOW——未知状态

举例说明：

若输入 AT 指令

```
at+ state?
```

后，响应为

```
+ STATE:INITIALIZED
OK
```

则说明该蓝牙模块工作状态为初始化状态。

通过 ATK-HC05 蓝牙串口模块，任何单片机(3.3 V/5 V 电源)都可以很方便地实现蓝牙通信，从而与包括计算机、手机、平板电脑等各种带蓝牙的设备连接。

3.2　硬件设计

3.2.1　系统硬件框架

本任务将 STM32 微控制器(MCU)与 DS18B20 传感器连接，在 MCU 检测到该传感器的温度数据后，将温度数据通过蓝牙无线技术发送到手机 APP 上予以显示。该系统硬件框架如图3-1所示。

在图 3-1 中，传感器采用 DS18B20 温度传感器，该传感器的数据端口与 STM32F103 微控制器的 PA0 进行数据通信，LCD(liquid crystal display，液晶显示)屏幕与 MCU 之间以并行的方式连接，蓝牙模块(ATK-HC05)与 STM32F103 的串口 2(UART2)进行连接，手机 APP 采用安卓系统的蓝牙调试助手，通过该 APP，以蓝牙无线技术，接收采集到的温度数据，同时通过该 APP，向 MCU 发出控制指令，进行相关操作。

3.2.2　温度传感模块

DS18B20 是由 DALLAS 半导体公司推出的 one-wire Bus(一线式总线)接口温度传感

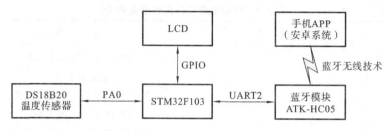

图 3-1　系统硬件框图

器。与传统的热敏电阻等测温元件相比,它是一种新型的体积小、适用电压范围宽、与微处理器连接简单的数字化温度传感器。一线式总线结构具有简洁且经济的特点,可使用户轻松地组建传感器网络,从而为测量系统的构建引入全新概念,测量温度范围为 $-55\sim125$ ℃,精度为 ±0.5 ℃。现场温度直接以一线式总线的数字方式传输,大大提高了系统的抗干扰性。它能直接读出被测温度,并且可根据实际要求通过简单的编程实现 $9\sim12$ 位的数字值读数方式。它工作在 $3\sim5.5$ V 的电压范围,采用多种封装形式,从而使系统设计灵活、方便,设定分辨率及用户设定的报警温度存储在 EEPROM(electrically-erasable programmable read-only memory,电擦除可编程只读存储器)中,掉电后依然保存。

ROM(read-only memory,只读存储器)中的 64 位序列号是出厂前被光刻好的,它可以看作该 DS18B20 的地址序列码,每个 DS18B20 的 64 位序列号均不相同。64 位 ROM 的排列是:前 8 位是产品家族码,接着 48 位是 DS18B20 的序列号,最后 8 位是前面 56 位的循环冗余校验码(CRC＝X8＋X5＋X4＋1)。ROM 作用是使每一个 DS18B20 都各不相同,这样就可实现一根总线上挂接多个 DS18B20。

所有的单总线器件要求采用严格的信号时序,以保证数据的完整性。DS18B20 共有 6 种信号类型:复位脉冲、应答脉冲、写 0、写 1、读 0 和读 1。所有这些信号,除了应答脉冲以外,都由主机发出同步信号,并且发送所有的命令和数据都是字节的低位在前。这里简单介绍这几个信号的时序。

1)复位脉冲和应答脉冲

单总线上的所有通信都是以初始化序列开始。主机输出低电平,保持低电平时间至少 $480\ \mu s$,以产生复位脉冲。接着主机释放总线,4.7 kΩ 的上拉电阻将单总线拉高,延时 $15\sim60\ \mu s$,并进入接收模式(Rx)。接着 DS18B20 拉低总线 $60\sim240\ \mu s$,以产生低电平应答脉冲。

2)写时序

写时序包括写 0 时序和写 1 时序。所有写时序至少需要 $60\ \mu s$,且在 2 次独立的写时序之间至少需要 $1\ \mu s$ 的恢复时间,两种写时序均起始于主机拉低总线。写 1 时序:主机输出低电平,延时 $2\ \mu s$,然后释放总线,延时 $60\ \mu s$。写 0 时序:主机输出低电平,延时 $60\ \mu s$,然后释放总线,延时 $2\ \mu s$。

3)读时序

单总线器件仅在主机发出读时序时,才向主机传输数据,因此,在主机发出读数据命令后,必须马上产生读时序,以便从机能够传输数据。所有读时序至少需要 $60\ \mu s$,且在 2 次独立的读时序之间至少需要 $1\ \mu s$ 的恢复时间。每个读时序都由主机发起,至少拉低总线 $1\ \mu s$。主机在读时序期间必须释放总线,并且在时序起始后的 $15\ \mu s$ 之内采样总线状态。典型的读时序过程为:主机输出低电平延时 $2\ \mu s$,然后主机转入输入模式延时 $12\ \mu s$,接着读取单总线当前的电平,再延时 $50\ \mu s$。

在了解了单总线时序之后,DS18B20 的典型温度读取过程为:复位→发送 SKIP ROM 命令→发送开始转换命令→延时→复位→发送 SKIP ROM 命令→发送读存储器命令→连续读出两个字节数据(即温度值)→结束。

3.2.3　蓝牙串口模块

本任务用到的是正点原子(广州市星翼电子科技有限公司 ALIENTEK)推出的 ATK-HC05 模块,该模块非常小巧(16 mm×32 mm),模块通过 6 个 2.54 mm 间距的排针与外部连接,模块外观如图 3-2 所示。

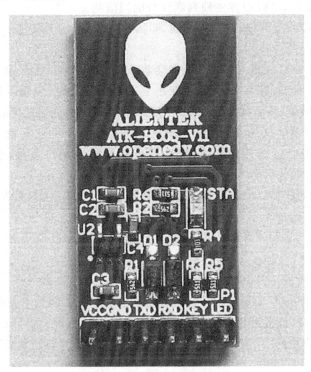

图 3-2　ATK-HC05 模块外观

图 3-2 中最下端引脚从右到左,依次为模块引出的 PIN1～PIN6 脚,各引脚的功能描述如表 3-10 所示。

另外,模块自带了一个状态指示灯:STA。该灯有 3 种状态,分别如下。

(1) 在模块上电的同时(也可以是之前),将 KEY 设置为高电平(接 VCC),此时 STA 慢闪(1 s 亮 1 次),表示模块进入 AT 状态,且此时波特率固定为 38400 波特/秒。

(2) 在模块上电的时候,将 KEY 悬空或接 GND,此时 STA 快闪(1 s 亮 2 次),表示模块进入可配对状态。如果此时将 KEY 再拉高,模块也会进入 AT 状态,但是 STA 依旧保

表 3-10　ATK-HC05 模块各引脚功能描述

序　　号	名　　称	说　　明
1	LED	配对状态输出：配对成功输出高电平，未配对则输出低电平
2	KEY	用于进入 AT 状态，高电平有效（悬空默认为低电平）
3	RXD	模块串口接收脚（TTL 电平，不能直接接 RS232 电平），可接单片机的 TXD
4	TXD	模块串口发送脚（TTL 电平，不能直接接 RS232 电平），可接单片机的 RXD
5	GND	用于接地
6	VCC	用于接电源（3.3～5.0 V）

持快闪。

（3）模块配对成功，此时 STA 双闪（一次闪 2 下，2 s 闪一次）。

有了 STA 指示灯，可以很方便地判断模块的当前状态。

（注：使用手机搜索蓝牙模块，若找不到，删除手机中保存的所有蓝牙设备配对信息并重启手机。）

开机检测 ATK-HC05 蓝牙串口模块是否存在，如果检测不成功，则报错。检测成功之后，显示模块的主从状态，并显示模块是否处于连接状态，DS0 闪烁，提示程序运行正常。蓝牙模块接收到的数据，将直接显示在 LCD 屏幕上。结合手机端蓝牙软件（蓝牙串口助手 v1.97.apk），可以实现手机无线控制开发板 LED0 和 LED1 的状态翻转。接下来，ATK-HC05 蓝牙串口模块通过杜邦线同 STM32 开发板的相应端口连接，连接关系如表 3-11 所示。

表 3-11　ATK-HC05 蓝牙串口模块同 STM32 开发板连接关系表

设　　备	引　　脚					
ATK-HC05 蓝牙串口模块	VCC	GND	TXD	RXD	KEY	LED
ALIENTEK STM32 开发板	3.3 V/5 V	GND	PA3	PA2	PC4	PA4

表 3-11 中，对于 ATK-HC05 蓝牙串口模块的 VCC 引脚，因为本任务的模块是可以3.3 V 或 5 V 供电的，所以该蓝牙模块可以接开发板的 3.3 V 电源，也可以接开发板的 5 V 电源。为了测试蓝牙模块的所有功能，按照表 3-11 用 6 根线将其与开发板连接。

3.3　软件设计

3.3.1　温度数据读取

温度传感器与 STM32 之间通过 PA0 端口进行通信，由于该温度传感器是单总线结构，PA0 根据需要进行读/写操作，在对 PA0 进行双向操作时，使用了如下宏定义，以方便根据实际需要调整：

```
//I/O方向设置
```

```
# define DS18B20_IO_IN()  {GPIOA-> CRL&= 0XFFFFFFF0;GPIOA-> CRL|= 8< < 0;}
# define DS18B20_IO_OUT() {GPIOA-> CRL&= 0XFFFFFFF0;GPIOA-> CRL|= 3< < 0;}
```

在上面的宏定义中,通过寄存器的方式进行控制,根据 STM32 寄存器设置,CRL 为低 8 位 I/O 口(输入/输出口)的端口配置寄存器(高 8 位端口配置寄存器对应为 CRH),其中 PA0 端口使用了该寄存器(32 位)中的第 0~3 位。该宏定义首先对 CRL 配置寄存器的 0~3 位进行清零操作,若 PA0 作为输入端口,即 STM32 读取温度传感器中的数据,则配置为 8 (二进制为 1000,按 STM32F103 寄存器 CRL 数据手册,1000 表示为上拉/下拉输入模式); 若 PA0 作为输出端口,即 STM32 向温度传感器中的寄存器写入数据,则配置为 3(二进制 为 0011,按 STM32F103 寄存器 CRL 数据手册,0011 表示为通用推挽输出模式,最大速度 为 50 MHz)。

DS10B20 的初始化使用到了 DS18B20_Init 函数,该函数具体实现代码如下:

```
u8 DS18B20_Init(void)
{
    GPIO_InitTypeDef  GPIO_InitStructure;
    RCC_APB2PeriphClockCmd(RCC_APB2Periph_GPIOA, ENABLE);
    // 使能时钟
    GPIO_InitStructure.GPIO_Pin = GPIO_Pin_0;              //PA0
    GPIO_InitStructure.GPIO_Mode = GPIO_Mode_Out_PP;       //推挽输出
    GPIO_InitStructure.GPIO_Speed = GPIO_Speed_50MHz;      //速度 50MHz
    GPIO_Init(GPIOA, &GPIO_InitStructure);
    GPIO_SetBits(GPIOA,GPIO_Pin_0);                        //输出 1
    DS18B20_Rst();                                         //复位传感器
    return DS18B20_Check();
//检测传感器是否成功初始化,成功返回 0,否则返回 1
}
```

该函数首先定义 GPIO_InitStructure 结构体,以用于 PA0 端口的初始化参数配置,随后通 过函数 RCC_APB2PeriphClockCmd()使能 GPIOA 的时钟,PA0 的配置参数分别为 GPIO_ Pin_0(GPIO 端口 0)、GPIO_Mode_Out_PP(推挽输出)和 GPIO_Speed_50 MHz(端口输出 驱动电路的响应速度为 50 MHz,注意:这里 50 MHz 并不是表示 PA0 输出 50 MHz 的脉冲 信号,而是 STM32 芯片内部在 I/O 口的输出部分安排了多 个响应速度不同的输出驱动电路,用户可以根据自己的需要 选择合适的驱动电路,通过选择速度来选择不同的输出驱动 模块,达到最佳的噪声控制和降低功耗的目的。)函数 GPIO_ Init()实现 PA0 的端口参数配置,配置完参数后,通过函数 DS18B20_Rst()复位 DS18B20,最后通过函数 DS18B20_ Check()来检测整个传感器的初始化是否成功。

DS18B20 的复位通过函数 DS18B20_Rst()实现,软件流 程如图 3-3 所示。具体代码如下所示:

//复位 DS18B20

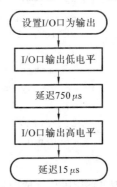

图 3-3　DS18B20 复位流程

```
void DS18B20_Rst(void)
{
    DS18B20_IO_OUT();                  //设置 PA0 输出模式
    DS18B20_DQ_OUT= 0;                 //拉低 DQ
    delay_us(750);                     //延时 750us
    DS18B20_DQ_OUT= 1;                 //拉高 DQ
    delay_us(15);                      //延时 15us
}
```

该函数首先设置 PA0 为输出模式（宏定义 DS18B20_IO_OUT()实现），随后将数据线置低电平"0"（DS18B20_DQ_OUT＝0），并延时 750 μs（该时间的时间范围可以为 480～960 μs），再将数据线拉到高电平"1"，并延时 15 μs。若复位成功，则在 15～60 μs 的时间内产生一个由 DS18B20 返回的低电平"0"，检测复位是否成功需要通过函数 DS18B20_Check()实现。DS18B20 收到复位指令后，将发出一个由 60～240 μs 低电平信号构成的存在脉冲，所以在检测 DS18B20 是否复位成功的关键在于先检测 DS18B20 是否返回低电平信号，同时低电平脉冲的持续时间不超过 250 μs。具体软件流程如图 3-4 所示。

在图 3-4 中，先检测传感器是否返回低电平（while（DS18B20_DQ_IN&&retry＜200）），然后再检测是否返回高电平（while（! DS18B20_DQ_IN&&retry＜240）），这两步均通过 while 循环函数实现，若检测到 DS18B20，则返回"0"，否则返回"1"。

该函数的具体代码如下所示：

```
//等待 DS18B20 的回应
u8 DS18B20_Check(void)
{
    u8 retry= 0;
    DS18B20_IO_IN();                   //设置 PA0 为输入模式
    while (DS18B20_DQ_IN&&retry< 200)
    {
        retry+ + ;
        delay_us(1);
    };
    if(retry> = 200)return 1;
    else retry= 0;
    while (! DS18B20_DQ_IN&&retry< 240)
    {
        retry+ + ;
        delay_us(1);
    };
    if(retry> = 240)return 1;
    return 0;
}
```

从 DS18B20 读取温度值使用到了函数 DS18B20_Get_Temp(void)，该函数调用后直接返回传感器检测到的温度值，具体温度读取流程如图 3-5 所示。

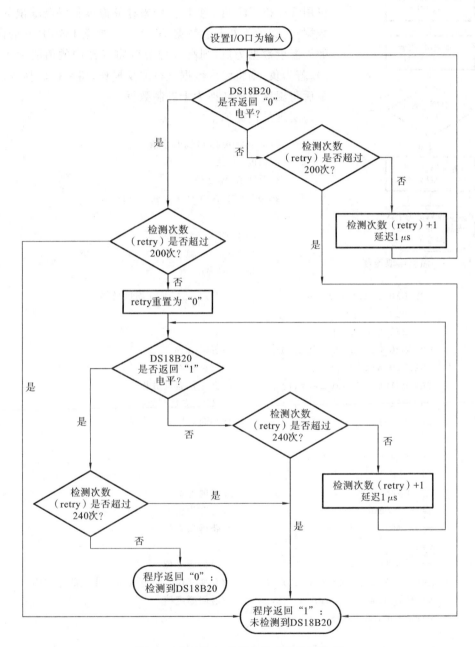

图 3-4　DS18B20 是否复位成功检测流程

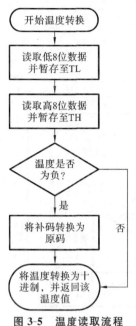

图 3-5 温度读取流程

在执行温度测量之前,通过发出"0x44"控制指令(在DS18B20_Start()函数中)启动温度转换,然后通过"0xbe"读寄存器中的温度数据(DS18B20 有 2 个字节的温度寄存器,这里用 TL 和 TH 两个变量分别来存储温度传感器输出的温度数据)。随后判断温度数据是否为负(根据 DS18B20 的设计,如果温度数据为负,则高 8 位温度寄存器中的值将大于等于7),若为负,则将温度数据进行取反操作,将补码转换为原码。最后将温度数据转换为十进制数据。

实现的代码如下:

```
//从 DS18B20 得到温度值
//精度:0.1C
//返回值:温度值
short DS18B20_Get_Temp(void)
{
    u8 temp;
    u8 TL,TH;
    short tem;
    DS18B20_Start ();                  //开启 DS18B20 温度转换
    DS18B20_Rst();
    DS18B20_Check();
    DS18B20_Write_Byte(0xcc);          //忽略 ROM
    DS18B20_Write_Byte(0xbe);          //读寄存器
    TL= DS18B20_Read_Byte();           //低 8 位温度数据
    TH= DS18B20_Read_Byte();           // 高 8 位温度数据
    if(TH> 7)                          //判断温度是否为负
    {
        TH= ~TH;
        TL= ~TL;
        temp= 0;                       //温度为负
    }else temp= 1;                     //温度为正
    tem= TH;                           //获得高 8 位
    tem< < = 8;
    tem+ = TL;                         //获得低 8 位
    tem= (float)tem* 0.0625;           //右移 3 位,注:低 4 位为小数部分,保留 1 位小数
    if(temp)return tem;                //返回温度值
    else return -tem;
}
//开始温度转换
void DS18B20_Start(void)// ds1820 start convert
{
    DS18B20_Rst();
    DS18B20_Check();
```

```
    DS18B20_Write_Byte(0xcc);// skip rom
    DS18B20_Write_Byte(0x44);// convert
}
```
//从 DS18B20 读取一个字节
//返回值:读到的数据
```
u8 DS18B20_Read_Byte(void)                // read one byte
{
    u8 i,j,dat;
    dat= 0;
    for (i= 1;i< = 8;i+ + )
{
        j= DS18B20_Read_Bit();
        dat= (j< < 7)|(dat> > 1);
    }
    return dat;
}
```

3.3.2　蓝牙串口通信

蓝牙模块与 STM32 通过串口 2 进行双向通信,串口 2 的初始化流程如图 3-6 所示。

在串口 2 的初始化过程中,首先需要完成的是 GPIO 和串口 2 的时钟初始化,由于本任务例程中使用的 STM32 微控制器中串口 2 的端口为 PA2 和 PA3,因此通过函数 RCC_APB2PeriphClockCmd( )及宏定义 RCC_APB2Periph_GPIOA 来实现。

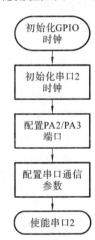

在串口 2 中 PA2 为数据发送口,端口配置属性为复用推挽输出(GPIO_Mode_AF_PP),PA3 为数据接收口,配置属性为浮空输入(GPIO_Mode_IN_FLOATING)。

串口通信的相关参数分别为波特率、8 位数据格式(USART_WordLength_8b)、1 个停止位(USART_Stop-Bits_1)、无奇偶校验位(USART_Parity_No)等。

最后通过函数 USART_Cmd()完成串口 2 的使能。

图 3-6　串口 2 的初始化流程

具体代码如下所示:

```
//初始化 IO 串口 2
//pclk1:PCLK1 时钟频率(MHz)
//bound:波特率
void USART2_Init(u32 bound)
{
    NVIC_InitTypeDef NVIC_InitStructure;
    GPIO_InitTypeDef GPIO_InitStructure;
    USART_InitTypeDef USART_InitStructure;
```

```
RCC_APB2PeriphClockCmd(RCC_APB2Periph_GPIOA, ENABLE);        // GPIOA 时钟
RCC_APB1PeriphClockCmd(RCC_APB1Periph_USART2,ENABLE);
USART_DeInit(USART2);                                         //复位串口 2
//USART2_TX   PA.2
GPIO_InitStructure.GPIO_Pin = GPIO_Pin_2; //PA.2
GPIO_InitStructure.GPIO_Speed = GPIO_Speed_50MHz;
GPIO_InitStructure.GPIO_Mode = GPIO_Mode_AF_PP;              //复用推挽输出
GPIO_Init(GPIOA, &GPIO_InitStructure);                       //初始化 PA2
//USART2_RXPA.3
GPIO_InitStructure.GPIO_Pin = GPIO_Pin_3;
GPIO_InitStructure.GPIO_Mode = GPIO_Mode_IN_FLOATING;        //浮空输入
GPIO_Init(GPIOA, &GPIO_InitStructure);                       //初始化 PA3
USART_InitStructure.USART_BaudRate = bound;                  //一般设置为 9600
USART_InitStructure.USART_WordLength = USART_WordLength_8b;
                                                             //8 位数据格式
USART_InitStructure.USART_StopBits = USART_StopBits_1;       //一个停止位
USART_InitStructure.USART_Parity = USART_Parity_No;          //无奇偶校验位
USART_InitStructure.USART_HardwareFlowControl = USART_HardwareFlowCon-
trol_None;                                                   //无硬件数据流控制
USART_InitStructure.USART_Mode = USART_Mode_Rx | USART_Mode_Tx;
                                                             //收发模式
USART_Init(USART2, &USART_InitStructure);                    //初始化串口 2
    //波特率设置
//USART2-> BRR= (pclk1* 1000000)/(bound);                    // 波特率设置
    //USART2-> CR1|= 0X200C;                                 //1 位停止,无校验位
USART_DMACmd(USART2,USART_DMAReq_Tx,ENABLE);                 //使能串口 2 的 DMA 发送
UART_DMA_Config(DMA1_Channel7,(u32)&USART2-> DR,(u32)USART2_TX_BUF);
//DMA1 通道 7,外设为串口 2,存储器为 USART2_TX_BUF
    USART_Cmd(USART2, ENABLE);                               //使能串口
```

串口 2 发送数据采用 DMA(directional memory access,直接存储器访问)方式发送,以提高系统实时性。串口 2 的数据接收,采用了定时判断的方法,对于一次连续接收的数据,如果出现连续 10 ms 没有接收到任何数据,则表示这次连续接收数据已经结束。此种方法判断串口数据结束不同于串口实验里面的判断回车结束,具有更广泛的通用性。

此外,在配置蓝牙模块过程中,将使用到如下 3 个函数。

(1) HC05_Init 函数。该函数用于初始化与 ATK-HC05 连接的 I/O 端口,并通过 AT 指令检测 ATK-HC05 蓝牙串口模块是否已经连接。

(2) HC05_Get_Role 函数。该函数用于获取 ATK-HC05 蓝牙串口模块的主从状态,这里利用"AT+ROLE?"指令获取模块的主从状态。

(3) HC05_Set_Cmd 函数。该函数是一个 ATK-HC05 蓝牙串口模块的通用设置指令,通过调用该函数,可以方便地修改 ATK-HC05 蓝牙串口模块的各种设置。

3.3.3　任务主程序设计

主程序的设计流程如图 3-7 所示,在 main()主程序中,首先通过 HC05_Init()和 DS18B20_Init()实现蓝牙模块和 DS18B20 的初始化,随后读取温度传感器中的数据,进行转换后发送给蓝牙模块,蓝牙模块再将温度数据发送给手机 APP,同时手机 APP 也可以通过指令,使用蓝牙无线传输技术,控制 STM32 微控制器发出指令。

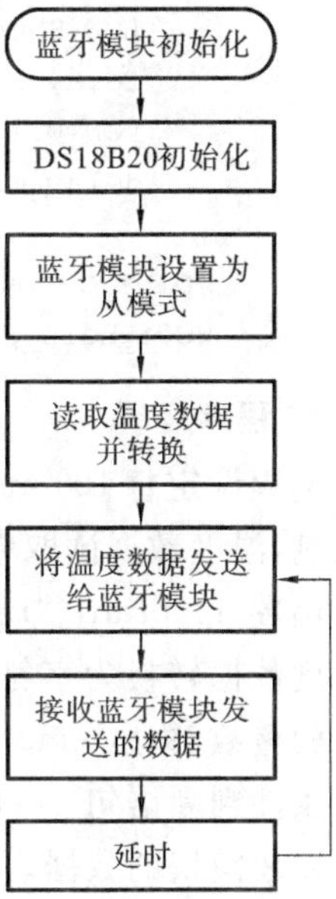

1. 模块初始化

在初始化过程中,涉及的模块主要有延时函数 delay_init()、状态指示灯 LED_Init()、按键 KEY_Init()、液晶屏 LCD_Init(),以及蓝牙模块和 DS18B20 模块。

函数 HC05_Set_Cmd("AT+ROLE=0")将蓝牙模块设置为从模式,与手机蓝牙进行配对,随后 HC05_Set_Cmd("AT+RESET")重启该蓝牙模块使配置设置生效。

主要初始化代码如下所示:

图 3-7　主程序的设计流程

```
int main(void)
  {
  short temperature;
  u8 t;
  u8 key,key1;
  u8 sendmask= 0;
  u8 reclen= 0;
  delay_init();                                          //延时函数初始化
  NVIC_PriorityGroupConfig(NVIC_PriorityGroup_2);        //设置 NVIC 中断分组 2
  uart_init(9600);                                       //串口初始化,波特率为 9600
  LED_Init();                                            //LED 初始化
  KEY_Init();                                            //按键初始化
  LCD_Init();                                            //LCD 液晶屏初始化
  POINT_COLOR= BLACK;
  LCD_ShowString(30,30,200,16,16,"IOT ^_^");
  LCD_ShowString(30,50,200,16,16,"HC05 BLUETOOTH COM TEST");
  LCD_ShowString(30,70,200,16,16,"STHU");
  while(HC05_Init())                                     //蓝牙模块 ATK- HC05 初始化
  {
      LCD_ShowString(30,90,200,16,16,"ATK- HC05 Error!");
      delay_ms(500);
      LCD_ShowString(30,90,200,16,16,"Please Check!!!");
      delay_ms(100);
  }
  LCD_ShowString(30,90,200,16,16,"KEY1:ROLE KEY0:SEND/STOP");
  LCD_ShowString(30,110,200,16,16,"ATK- HC05 Standby!");
  LCD_ShowString(30,180,200,16,16,"Receive:");
```

```
while(DS18B20_Init())//DS18B20温度传感器初始化
{
    LCD_ShowString(60,130,200,16,16,"DS18B20 Error");
    delay_ms(200);
    LCD_Fill(60,130,239,130+ 16,WHITE);
    delay_ms(200);
}
POINT_COLOR= BLUE;
HC05_Role_Show();
```

2. 程序运行

例程设定每 100 ms 读取一次温度数据,每次循环延时 10 ms,通过变量 t 实现不同延时的控制,温度数据读取中先显示温度的整数部分,再显示其小数部分。

函数 u2_printf("temperature:％d.％d\r\n",temperature/10,temperature％10)用于将温度数据转换为字符串,随后通过串口 2 发送给蓝牙模块,其中,temperature/10 为温度数据的整数部分,temperature％10 为温度数据的小数部分。

条件判断语句 if(USART2_RX_STA&0X8000)用于判断串口 2 是否收到手机 APP 发送给蓝牙模块的数据。

函数语句 strcmp((const char *)USART2_RX_BUF,"+LED1 ON")==0)用于判断收到的字符是否为"+LED1 ON",若是,则 LED1 点亮(LED1=0)。

函数语句 strcmp((const char *)USART2_RX_BUF,"+LED1 OFF")==0) 用于判断收到的字符是否为"+LED1 OFF",若是,则 LED1 熄灭(LED1=1)。

具体代码如下所示:

```
while(1)
  {
    if(t% 10= = 0)
    {
      temperature= DS18B20_Get_Temp();
      LCD_ShowString(60,160,200,16,16,"DS18B20 OK");
      LCD_ShowString(60,240,200,16,16,"Temp:  .  C");
      if(temperature< 0)
      {
          LCD_ShowChar(60+ 40,240,'- ',16,0);
          temperature= - temperature;
      } else LCD_ShowChar(60+ 40,240,' ',16,0);
      LCD_ShowNum(60+ 40+ 8,240,temperature/10,2,16);
      LCD_ShowNum(60+ 40+ 32,240,temperature% 10,1,16);
    }
    key= KEY_Scan(1);          //按键扫描
    if(key= = KEY1_PRES)       //如果按键 KEY1 按下
    {
      key1= HC05_Get_Role();
```

```
        if(key1! = 0XFF)
          {
            key1= ! key1;
                if(key1= = 0)HC05_Set_Cmd("AT+ ROLE= 0");
                else HC05_Set_Cmd("AT+ ROLE= 1");
                HC05_Role_Show();
                HC05_Set_Cmd("AT+ RESET");
          }
      } else if(key= = KEY0_PRES)
{
    sendmask= ! sendmask;
    if(sendmask= = 0)LCD_Fill(30+ 40,160,240,160+ 16,WHITE);
}else delay_ms(10);
if(t= = 50)
{
    if(sendmask)
    {
        u2_printf("temperature: % d.% d\r\n",temperature/10,temperature% 10);
        LED0= ! LED0;
    }
    HC05_Sta_Show();
    t= 0;

}
if(USART2_RX_STA&0X8000)
{
    LCD_Fill(30,200,240,320,WHITE);
    reclen= USART2_RX_STA&0X7FFF;
    USART2_RX_BUF[reclen]= 0;
    if(reclen= = 9||reclen= = 8)
    {
        if(strcmp((const char* )USART2_RX_BUF,"+ LED1 ON")= = 0)LED1= 0;

        if(strcmp((const char* )USART2_RX_BUF,"+ LED1 OFF")= = 0)LED1= 1;
    }
    LCD_ShowString(30,200,209,119,16,USART2_RX_BUF);
    USART2_RX_STA= 0;
}
t+ + ;
delay_ms(10);
    }
```

在代码编译成功之后,下载代码到开发板上(假设 ATK-HC05 蓝牙串口模块已经连接上开发板),LCD 屏幕显示如图 3-8 所示界面。

图 3-8   初始界面

可以看到,此时模块的状态是从机(Slave),未连接(Disconnect)。发送和接收区都没有数据,同时蓝牙模块的 STA 指示灯快闪(1 s 2 次),表示模块进入可配对状态,目前尚未连接。

3.4   系统调试

3.4.1   蓝牙模块与手机的通信

接下来,看看 ATK-HC05 蓝牙串口模块同手机(必须带蓝牙功能)的连接,这里先设置蓝牙模块为从机(Slave)角色,以便和手机连接。然后在手机上安装蓝牙串口助手软件 v1.97. apk,安装完软件后,打开该软件,进入搜索蓝牙设备界面,如图 3-9 所示。

从图 3-9 可以看出,手机已经搜索到模块 ATK-HC05 了,点击这个设备,即进入选择操作模式界面,如图 3-10 所示。

这里选择"键盘模式"(实时模式在 ATK-HC05-V11 用户手册里面有介绍)。选择模式后,输入密码(仅第一次连接时需要设置),完成配对,如图 3-11 所示。

输入密码之后,等待一段时间,即可连接成功,如图 3-12 所示。可以看到,键盘模式界面总共有 9 个按键,可以用来设置,点击手机的【MENU】键,就可以对按键进行设置,这里设置前两个按键,如图 3-13 所示。

在 main 函数里面,因为是通过判断是否接收"+LED1 ON"或"+LED1 OFF"字符串来决定 LED1 灯的亮灭,所以将两个按键的发送内容分别设置为"+LED1 ON"和"+LED1 OFF"(见图 3-13),就可以实现对 LED1 的亮灭控制了。设置完成后,就可以通过手机控制开发板 LED1 的亮灭了,同时该软件还是可以接收来自开发板的数据,如图 3-14 所示。

图 3-9　搜索蓝牙设备界面

图 3-10　选择操作模式界面

图 3-11　输入配对密码

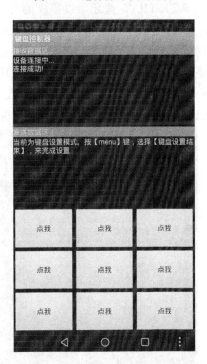

图 3-12　键盘模式连接成功

通过点击"LED1 亮"和"LED1 灭"这两个按键,就可以实现对开发板 LED1 灯的亮灭控制。

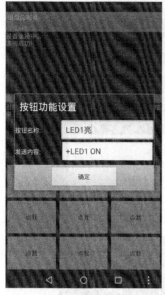  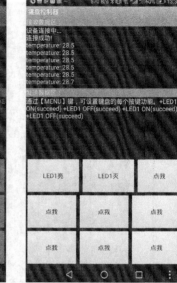

图 3-13 设置两个按键按钮名称和发送内容 　　　　图 3-14 手机控制开发板

3.4.2 蓝牙模块之间的通信

两个 ATK-HC05 蓝牙串口模块的对接,可以采用两块 STM32 开发板分别连接 ATK-HC05 蓝牙模块,一个设置为蓝牙主机(Master)模式,一个设置为蓝牙从机(Slave)模式,就可以实现蓝牙通信了。因为 ATK-HC05 蓝牙串口模块出厂默认都是 Slave 状态的,所以只需要将要对接的 ATK-HC05 蓝牙串口模块上电,然后按一下开发板的 KEY1 按键,将对接的 ATK-HC05 蓝牙串口模块设置为主机(Master),稍等片刻后,两个 ATK-HC05 蓝牙串口模块就会自动连接成功,同时液晶显示屏上显示状态为 Connected,如图 3-15 所示。

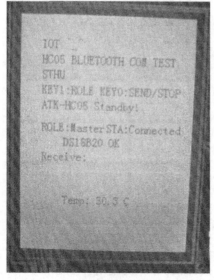 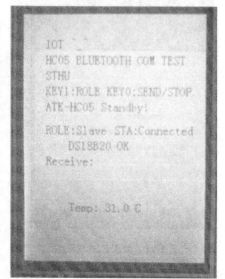

图 3-15 两个 ATK-HC05 蓝牙串口模块连接成功

此时,可以看到两个蓝牙模块的 STA 指示灯都是双闪(一次闪 2 下,2 s 闪一次),表示连接成功,按下从机开发板上的 KEY0 按键,就可以发送从机开发板采集的温度值到主机开发板,当然也可以接收来自主机开发板的数据(按 KEY0 按键,开启/关闭自动发送数据),如图 3-16 所示。

按下主机开发板上的 KEY0 按键,就可以发送主机开发板采集的温度值到从机开发板,也可以接收来自从机开发板的数据,如图 3-17 所示。至此,完成了两个 ATK-HC05 蓝牙串口模块的对接通信。

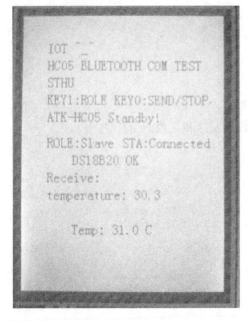 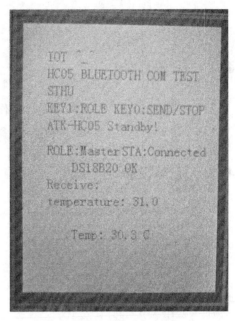

图 3-16　ATK-HC05 蓝牙串口模块从机发送　　　图3-17　ATK-HC05 蓝牙串口模块主机发送
　　　　　和接收数据　　　　　　　　　　　　　　　　　　和接收数据

3.5　思考题

(1) 如何结合本任务开发出基于蓝牙的物联网实际应用? 例如将液体传感器替换为温度传感器,或者将 GPS 定位模块替换为温度传感器,然后将采集到的数据通过蓝牙传输到上位机。

(2) 如何组建多传感器的蓝牙网络?

第4章　基于 LoRa 的低功耗传输

4.1　任务目的

(1) 熟悉 LoRa 数据传输的基本工作原理；

(2) 利用 STM32 驱动 LoRa 模块，实现数据发送和接收两个功能。

4.2　任务设备

(1) STM32 实验开发平台；

(2) LoRa 模块；

(3) 热敏传感器。

4.3　硬件设计

4.3.1　系统硬件架构

本任务通过热敏模块测得环境温度，并显示在 LCD 屏幕上，然后通过 LoRa 模块实现板间数据通信。系统可以设置温度阈值，当环境温度超过阈值则蜂鸣器报警。当测得环境温度过高时，直流电动机带动风扇转动，达到降低环境温度的效果。

系统整体硬件架构如图 4-1 所示，运用 NTC(negative temperature coefficient，负温度系数)热敏电阻随温度变化的特性，把测得的电压值输入 STM32 开发板，通过 ADC(analog-to-digital converter，模数转换器)转换公式计算出环境温度，并且将数据通过 LoRa 模块进行传输。

4.3.2　STM32 主控模块

STM32 系列新型单片机按其性能和存储空间的大小可分为两类：增强型系列和通用型系列。STM32F103RCT6 微控制器是一款内置资源丰富的新型处理器，集成了 12 位 ADC 和两路高级定时器。

本设计使用的 STM32F103RCT6 微控制器采用的是 72 MHz 的零等待(即在处理数据

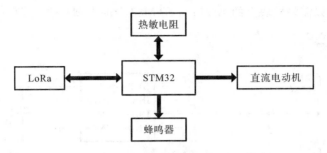

图 4-1　系统整体硬件架构

时并不需要响应时间)处理器,在一个机器周期就能实现乘除运算;可配置出 16 个外部中断,且内部总线上挂载着 2 个 12 位 ADC,具有可多重采集和保持采集数据的能力。

STM32F103RCT6 所挂载的 ADC 外设得以将本设计测得的温度模拟量转换为数字量,使温度得以显示,便于人机交互和单片机的数据处理。其封装原理图如图 4-2 所示。

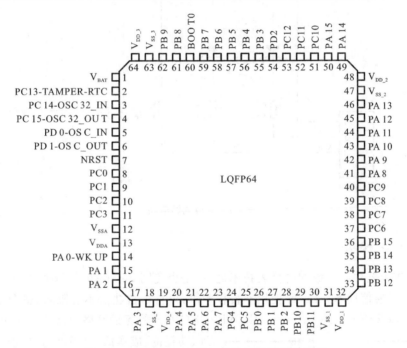

图 4-2　STM32F103RCT6 微控制器封装原理图

4.3.3　热敏模块

热敏电阻按温度系数的不同来分类,可分为以下两种:① 正温度系数(positive temperature coefficient,PTC)热敏电阻,它的特性是电阻值随温度升高而增大;② 负温度系数(NTC)热敏电阻,它的特性是电阻值随温度升高而减小。

本次设计采用了 NTC 热敏电阻模块,本模块采用了 LM393 控制芯片,其电路图如图 4-3 所示。该模块一共有四个接口,OUT 引脚是数字输出引脚,本次设计不拟使用,作悬空处置,VCC 引脚与 STM32 上的 3.3 V 电源接口相连。因为本次设计需要把测到的模拟量转换为数字量,所以需将模块上的 AC 口与 STM32 上的引脚相连,如图 4-4 所示。

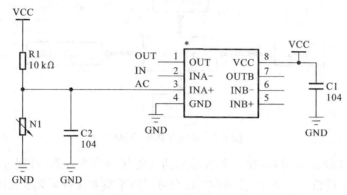

图 4-3　LM393 控制芯片电路图

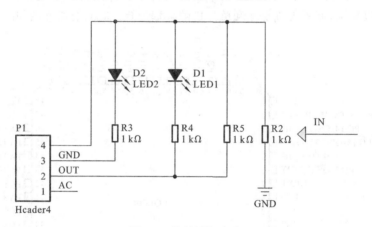

图 4-4　热敏测温电路

4.3.4　LoRa 模块

　　LoRa 作为低功耗广域网的代表技术之一,是由美国 Semtech 公司推出,专门面向物联网应用的无线通信技术。LoRa 使用非授权频段,可自由搭建而不受限制,适合于低成本需求的应用。LoRa 与 ZigBee、bluetooth、WiFi 及 GPRS 等无线网络通信技术相比,具有距离远、功耗低、成本低、灵敏度高、抗干扰能力强等优点。

　　本次设计运用 ATK-LORA-01 无线串口模块,设置传输模式为透明传输,以与另外一块 STM32 开发板进行双向通信。该 LoRa 模块一共有 6 个接口,其中:MD0 引脚用于进入参数配置,与开发板上的 PA11 相连;AUX 引脚用于指示模块工作状态,唤醒外部 MCU,与 PA4 相连;RXD 引脚提供串口输入功能,与 PA2 相连;TXD 提供串口输出功能,与 PA3 相连。LoRa 无线串口模块与 MCU 连接方式如图 4-5 所示。

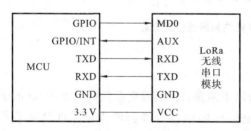

图 4-5　LoRa 无线串口模块与 MCU 连接方式

4.3.5　电动机模块

本设计所用到的电动机模块采用了 L9110 驱动模块,L9110 是为控制和驱动电动机设计的两通道功率放大专用集成电路器件,该芯片具有两个 TTL/CMOS(complementary metal-oxide-semiconductor,互补金属氧化物半导体)兼容电平的输入,具有良好的抗干扰性。本模块一共有 4 个接口,分别为 VCC、GND、IB、IA。其中,IB 口与 IA 口分别驱动电动机正转和反转,IB 口与 STM32 上的 PC0 相连,电路如图 4-6 所示。

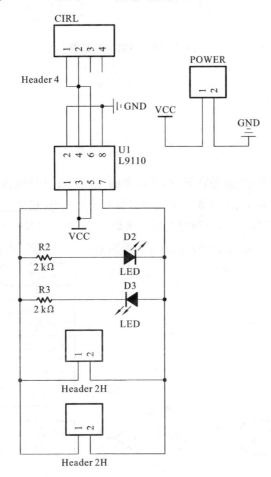

图 4-6　电动机模块电路图

4.3.6　蜂鸣器模块

常用的蜂鸣器有两种,一种是无源蜂鸣器,等效于一个小型扬声器,可以视为一个小喇叭来处理;另一种是有源蜂鸣器,内部由振荡器和无源蜂鸣器组成,只要接上直流电源就能发声。本设计使用的是无源蜂鸣器,因此须用 PWM(pulse-width modulation,脉宽调制)方波去驱动,电路如图 4-7 所示。

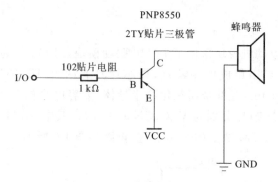

图 4-7 蜂鸣器模块电路图

4.4 软件设计

4.4.1 主程序设计

首先进行初始化。测温模块是在 LoRa 模块内的,需要进行初始化来检测热敏模块,检测到信号后就能通过 LCD 屏幕显示所测的实时温度数据并通过 LoRa 模块的透明传输发送数据。同时检测实时温度是否大于阈值,以判断蜂鸣器与风扇启动与否:若温度大于阈值,蜂鸣器就会报警并进入定时器中断,电动机风扇开始转动;否则返回上一步。主程序流程图如图4-8所示。

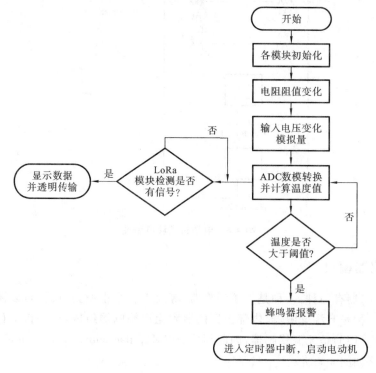

图 4-8 主程序流程图

4.4.2　热敏电阻测温

本设计所采用的 NTC 热敏电阻的特性是随着温度升高阻值降低,利用这一特性,环境温度的变化会导致热敏电阻阻值的变化,进而整个热敏模块的电压会发生变化,使得热敏模块输出到 STM32 开发板的模拟电压量产生变化。STM32 开发板内部的 ADC 模块把接收到的电压模拟量转化为数字量,再通过公式计算出电阻。考虑到本设计所测温度范围较小,因而要测量一天内 6 组温度数据和对应阻值关系(如表 4-1 所示),然后运用 Excel 软件拟合成线性函数来实现测温功能。温度拟合函数如图 4-9 所示,测温程序流程图如图 4-10 所示。

表 4-1　环境温度与阻值关系

温度/℃	20	21	22	23	24	25
电阻/Ω	14990	14535	12719	12418	11908	11558

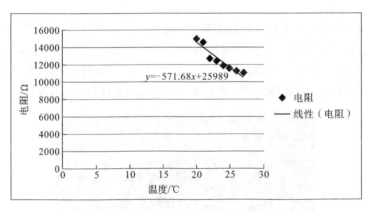

图 4-9　温度拟合函数

4.4.3　LoRa 数据传输

首先进行 LoRa 基本参数(如设备地址、发射功率、信道、空中速率、睡眠时间、工作模式等)的配置,再选择工作模式。本设计需要同时发送与接收数据,所以在主函数中把 LoRa 模块的接收与发送数据功能同时启用了。本次设计所用的传输模式是透明传输,在透明传输函数里运用 sprintf()函数把格式化的温度数据写入字符串再发送出去,同时显示在 LCD 屏幕上。LoRa 数据收发程序流程图如图 4-11 所示。

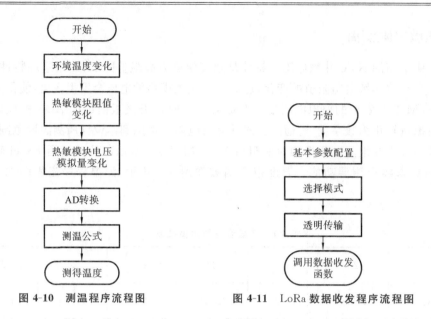

图 4-10　测温程序流程图　　　　图 4-11　LoRa 数据收发程序流程图

4.5　系统调试

首先进行模块初始化,开始检测热敏模块,检测到之后便能通过 LCD 屏幕显示所测得的实时温度,如图 4-12 所示。当实时温度高于 33 ℃时,LCD 屏幕便会显示温度过高的提示,并且蜂鸣器会发声报警。通信运用了 LoRa 模块,采用透明传输模式,只要两块板子测到了相应的数据,就会双向传输数据,并且显示在各自 LCD 屏幕上,如图 4-13 所示。本次

图 4-12　测温并显示

设计运用到了定时器中断,设定为当温度高于阈值时进入中断,每 5 s 电动机风扇就转一次,如图 4-14 所示。

图 4-13　双向数据传输

图 4-14　温度过高电动机定时转动

4.6　思考题

（1）如何结合本任务开发出基于 LoRa 的实际物联网应用？

（2）如何将 LoRa 数据接入物联网,并实现该模块与物联网云平台的连接？

综合任务实战

第 5 章　智 能 家 电

随着科技的不断发展,"智能"二字越来越被重视,智能产品已然发展为现今科技产品的主流。一个智能产品或系统可以从两个方面来理解:首先,它具有模仿人类或拟人的某些智能特征;其次,它使用人工智能或人工生命的理论和方式。人工智能具有广泛的应用价值和重要的科学意义,智能化是现代新技术、产品、新兴产业的重要发展目标,具有明显的标志。目前,手机、电视、空调、冰箱、穿戴设备等都有智能的参与,它们的发展趋势必然是智能化。

在物联网的驱动下,智能是传统家用电器产业发展的主要趋势,在行业中得到了一致认可。智能化是一场技术性革命,将带来巨大的发展机遇。据《电器》记者的报道,冰箱依然是智能化设计的主打产品。未来两年,智能家电普及率将大步提高,智能洗衣机、智能冰箱、智能电视等智能家电将陆续上市。

5.1　任务需求

本设计所用 MCU 为 STM32F103RCT6,所用软件为 Keil5,使用的外部硬件包括按键 Key、LCD 屏幕、温湿度传感器 DHT11、GSM 模块 SIM900A、语音识别模块 LD3320、电动机驱动模块 L298N、继电器模块等。各部分构成一个整体,实现了智能冰箱的部分功能,系统框图如图 5-1 所示。

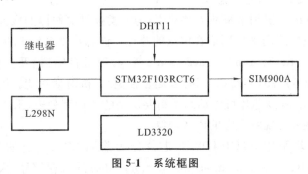

图 5-1　系统框图

智能冰箱,既要具备传统冰箱的功能,还要体现出"智能"二字。为了实现这个目的,本设计设置了如下几个功能:

(1) 语音控制冰箱门的开关;

(2) 按键 Key 用于设置放入冰箱食物的保存时间;

(3) 在 LCD 屏幕上显示冰箱内食物的剩余保存时间,并能随着时间推移自动更新显示剩余保存时间；

（4）温湿度传感器实时检测冰箱内温度，当温度高于设定值时可自动开启智能调节技术来降低冰箱内的温度；

（5）在食物到期前一天，GSM模块发短信给用户，提示食物即将到期。

智能冰箱的功能解析具体详情如表5-1所示。

表5-1　智能冰箱的功能解析

功　　能	含　　义	
语音控制冰箱门	"冰箱，开门""冰箱，关门"	
显示面板	要放入的食物及存放天数显示在面板上	
温度检测（智能调节）	实时温度检测，设定最高温度为6 ℃	
	当前温度≤6 ℃	压缩机不工作
	当前温度＞6 ℃	压缩机工作，制冷
按键设置食物存放天数	Key0：进入设置界面、增加存放天数	
	Wk_up：选择食物种类、返回主界面	
	Key1：减少存放天数	
GSM短信提醒	食物到期前一天，发送短信：××在一天后即将过期，请注意！！！	

5.2　硬件设计

5.2.1　语音识别模块

自动语音识别及其相关问题已成为人机交互不可分割的组成部分，并不断发展。语音识别技术是将人类语言中的词汇内容转换成计算机能够识别并输入的信息。家庭语音识别系统对智能家居的发展具有重要意义。在本设计中，语音识别技术主要被运用在控制开关门上，智能冰箱通过语音识别来解放人类双手，为人类提供更便捷的服务和使用体验。

LD3320是一块专门用来识别语音信息的芯片。该芯片不需要Flash（flash memory，闪存，常简称为Flash）、RAM（random access memory，随机存储器）及其他任何一种辅助芯片，可直接连接到现有产品，实现语音识别、语音控制/人机对话功能。语音识别模块组成框图如图5-2所示。此外，该芯片可以动态编辑要识别的关键字列表，采用（非特定）语音识别技术接收和控制信号，实现对家电的语音控制。

该语音识别模块采用STC10L08XE芯片作为前端MCU。它的指令代码兼容传统8051单片机，SRAM（static random access memory，静态随机存储器）大小为512 kB，片内RAM大小为8 kB；速度比传统的快8～12倍，具有EEPROM的功能。该模块的特色是兼有语音识别和MP3播放两项功能，其中LD3320原理图如图5-3所示。

在本设计中只运用了该语音识别模块的语音识别功能，分别将该模块上的5 V、GND、TXD及RXD引脚连接STM32开发板上的5V电源、GND、PA9、PA10。表5-2所示为语音识别模块与STM32主控连接说明。

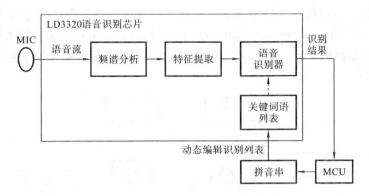

图 5-2　语音识别模块组成框图

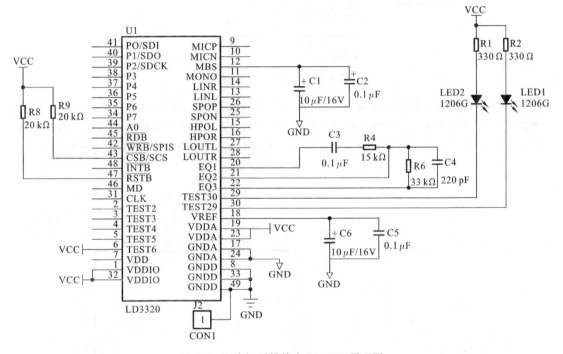

图 5-3　语音识别模块中 LD3320 原理图

表 5-2　语音识别模块与 STM32 主控连接说明

STM32 主控引脚	语音识别模块引脚	注　释
5 V	VCC	供电 3～5.5 V/DC
TXD	42 引脚：$\overline{\text{WRB}}$/SPIS	写允许,接 STM32 开发板 PA9 引脚
RXD	45 引脚：$\overline{\text{RDB}}$	读允许,接 STM32 开发板 PA10 引脚
GND	GND	接地,电源负极

5.2.2　GSM 模块

　　GSM 是现如今使用最多的一种借助无线通信的网络技术。它是基于蜂窝系统所研发的一种由欧洲主要的电信运营商和制造商所组成的标准委员会设计的移动通信系统,通过其外部的 SM-SC(short message mobile terminal-short message center,短消息移动端-短消息中心)来实现信息的传递。SIM900A 模块是 GSM 模块最重要的芯片电路组成部分,其组成如图 5-4 所示。

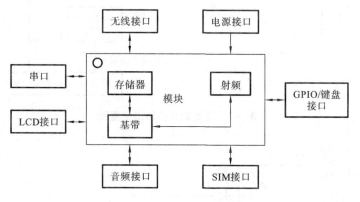

图 5-4 SIM900A 模块组成

SIM900A 的供电是单电压 3.2~4.8 V,其工作频段符合 GSM Phase2/2+,有 EGSM 900 和 DCS 1800 两个频段,也可以通过 AT 指令来设置频段。模块尺寸仅为 24 mm×24 mm×3 mm,采用 SMT 封装,包含 68 个引脚。图 5-5 所示为 GSM 模块内 SIM900A 芯片原理图。

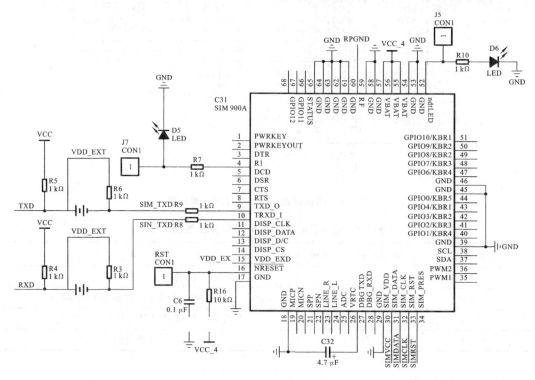

图 5-5 SIM900A 芯片原理图

使用者可以灵活地应用 SIM900A 的键盘和 SPI(serial peripheral interface,串行外围

接口)。其本身包含一个音频接口来控制麦克风的输入和接收器的输出。通用的可编程的输入输出接口(GPIO)、主串口和调试串口能够让用户轻松调试及开发。图 5-6 所示为 GSM 模块内 RS232 接口原理图,经过 TTL 电平转换电路后,11 引脚 USART_TX 与 STM32 开发板的 PA2 引脚连接,12 引脚 USART_RX 与 STM32 开发板的 PA3 引脚连接。

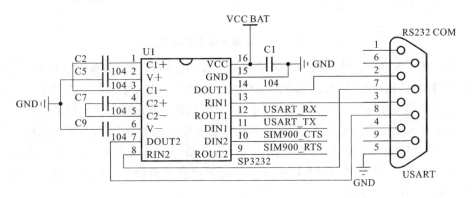

图 5-6 RS232 接口原理图

SIM(用户标志模块)卡接口引脚定义如下。

SIM_VDD:SIM 电源,根据所插入 SIM 卡的种类自动选择输出电压,可为(3.0±0.1) V 或(1.8±0.1) V,最大电流约为 10 mA。

SIM_DATA:SIM 卡数据 I/O。

SIM_CLK:SIM 卡时钟。

SIM_RST:SIM 卡复位。

图 5-7 所示为 GSM 模块内 SIM 卡座原理图。

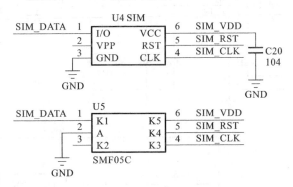

图 5-7 SIM 卡座原理图

SIM900A 采用省电技术设计,在睡眠模式下的耗流也只有 1.0 mA 而已。其内嵌了 TCP/IP 协议,支持用户轻松使用 TCP/IP 协议,这在用户进行数据传输时提供了非常有利的帮助。图 5-8 所示为 GSM 模块内电源输入模块原理图。

5.2.3 电动机驱动模块 L298N

随着电动机驱动技术的发展和日渐成熟,电动机驱动系统级的集成化已经在多个应用

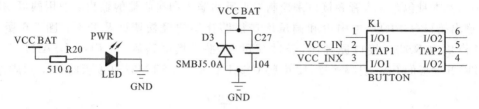

图 5-8 电源输入模块原理图

领域成为主要优先选择。电动机和电子器件的集成不光可以降低整体系统体积,减少高电流布线,也具有简化冷却系统、降低电磁辐射干扰的优势。直流电动机因它效率高、寿命长、噪声小及优异的机械性能,在汽车、航空、军事、家用电器等领域得到了广泛的应用。

直流电动机是由直流电压供电,流通的是直流电流。从本质上讲,直流电动机也是交流电动机,只是在机械整流器(转向器)的作用下,从电动机的接线端看,电流为直流电流。和交流电动机一样,感应定律和相互作用定律亦是直流电动机的工作原理。图 5-9 所示为电动机驱动模块 L298N 原理图。

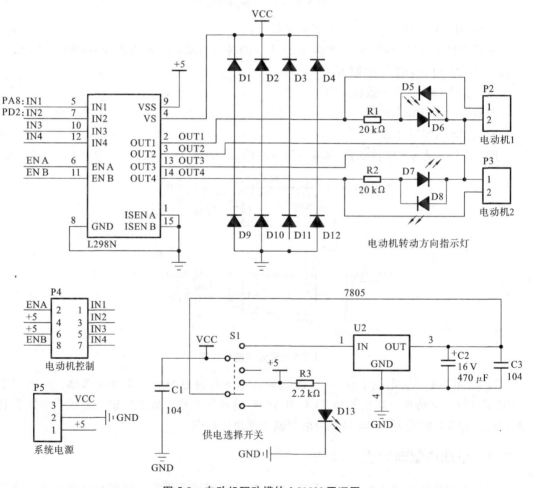

图 5-9 电动机驱动模块 L298N 原理图

引脚连接说明如下。

IN1：接 STM32 开发板 PA8 引脚。

IN2：接 STM32 开发板 PD2 引脚。

5V：接 STM32 开发板 5 V 电源。

GND：接 STM32 开发板电源负极。

OUT1、OUT2：接电动机。

该模块可驱动两路直流电动机，使能端为高电平时有效，在本设计中仅用来驱动一路直流电动机，不同状态的控制方式和电动机状态如表 5-3 所示。

表 5-3　不同状态的控制方式和电动机状态

控 制 方 式			直流电动机状态
ENA	IN1	IN2	
0	X	X	停止
1	0	0	制动
1	0	1	正转
1	1	0	反转
1	1	1	制动

通过设置 IN1 和 IN2 来确定电动机的转动方向，可输出 PWM 脉冲来实现调速。如表 5-3 所示，当 ENA 为 0 时，不论 IN1 和 IN2 分别为 0 还是 1，电动机都处于停止状态；只有当 ENA 为 1 时，IN1 和 IN2 组合为 00 或 11，电动机才处于制动状态。

5.2.4　继电器模块

在直流系统中，继电器是非常重要的控制元件之一。例如，用弱电信号控制的强电系统，现今广泛应用在众多领域中，继电器的可靠性是其所在系统可靠性的重要影响因素。继电器有着很大的市场潜力，许多继电器的性能、质量、数量和品种在许多行业中要求极高。图 5-10 所示为继电器的原理图。

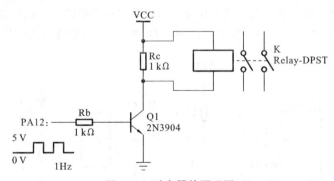

图 5-10　继电器的原理图

引脚连接说明如下。

5V：接 STM32 开发板电源正极。

IN1:接 STM32 开发板 PA12 引脚。

GND:接 STM32 开发板电源负极。

如图 5-11 所示,当线圈的两端有了电压,便会产生电流,继而产生电磁效应。根据同性相斥、异性相吸的原理,在电磁力的吸引下,衔铁抑制弹簧的复位拉力吸向铁芯,使静触点与动触点相互吸引。当线圈的两端无电压时,电磁力消失,在弹簧反作用力下衔铁恢复到原点,使静触点与动触点相互排斥。使用这种方式,在电路中达到打开和关闭的目的。

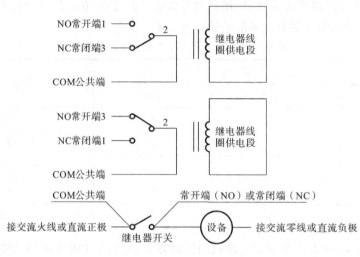

图 5-11　继电器工作原理

5.2.5　温湿度传感器 DHT11

温湿度传感器主要分为接触式和非接触式两大类型,广泛使用的是接触式温湿度传感器。接触式温湿度传感器的构造简单,直接与被测物体接触就可测量物体的温度;非接触式温湿度传感器指测量物体辐射的红外线,温度传感元件不直接接触测量介质实现热交换,从而达到测量的目的。

DHT11 是一种温度和湿度复合传感器,输出经过校准的数字信号。DHT11 由一个电阻式感湿元件(即湿敏电阻,湿敏电阻是利用湿敏材料吸收空气中的水分使本身电阻值发生变化这一原理而制成的)和一个 NTC 测温元件(即 NTC 热敏电阻)组成,其原理图如图5-12所示。

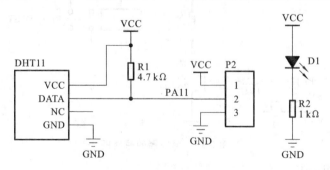

图 5-12　温湿度传感器 DHT11 原理图

温湿度传感器 DHT11 的单线串行接口指令系统集成简单快捷、抗干扰能力强、性价比高,具有超小的体积和极低的功耗、传输信号时距离可达 20 m 等性能特点。DHT11 的引脚说明如表 5-4 所示。

表 5-4　DHT11 的引脚说明

引　　脚	名　　称	注　　释
1	VCC	接 3～5.5 V 电源
2	DATA	接 STM32 开发板 PA11 引脚
3	NC	空脚,悬空
4	GND	接地

5.2.6　按键

嵌入式系统中的键盘可以归纳为两类:一类是编码键盘,另一类是非编码键盘。编码键盘属于硬键盘,主要由处理器的端口电平来识别;而非编码键盘属于软键盘,由软件来识别。本设计采用编码键盘,共有 3 个按键:Key0,Key1,Wk_up。按键输入原理图如图 5-13 所示。

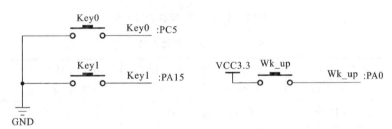

图 5-13　按键输入原理图

引脚连接说明如下。

Key0:接 STM32 的 PC5,低电平有效。

Key1:接 STM32 的 PA15,低电平有效。

Wk_up:接 STM32 的 PA0,高电平有效。它除了用作普通输入外,还可以用作 STM32 的唤醒输入。

5.2.7　LCD 屏幕

由于高科技的进步,TFT-LCD(thin film transistor-liquid crystal display,薄膜晶体管-液晶显示器)已被普遍应用。TFT-LCD 产业的制造技术主要涉及阵列、单元、模块等工艺,其中存在个别工艺调度目标不同、制造工艺复杂、多点生产等特点。ALIENTEK Mini-STM32 开发板上 TFT-LCD 模块的原理图如图 5-14 所示。

上面 TFT-LCD 模块原理图中的 T_MISO、T_MOSI、T_PEN、T_SCK、T_CS 分别为触摸屏 MISO 信号引脚、MOSI 信号引脚、PEN 信号引脚、SCK 信号引脚、CS 信号引脚,服务于触摸屏。在此次设计中,没有用到触摸功能。TFT-LCD 引脚连接说明如表 5-5 所示。

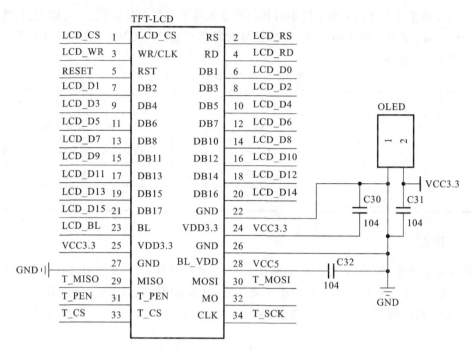

图 5-14　TFT-LCD 模块的原理图

表 5-5　TFT-LCD 引脚连接说明

TFT_LCD 引脚	MiniSTM32 引脚名称	STM32 GPIO	TFT_LCD 引脚	MiniSTM32 引脚名称	STM32 GPIO
DB1	LCD_D0	PB0	DB15	LCD_D13	PB13
DB2	LCD_D1	PB1	DB16	LCD_D14	PB14
DB3	LCD_D2	PB2	DB17	LCD_D15	PB15
DB4	LCD_D3	PB3	LCD_CS	LCD_CS	PC9
DB5	LCD_D4	PB4	WR/CLK	LCD_WR	PC7
DB6	LCD_D5	PB5	RS	LCD_RS	PC8
DB7	LCD_D6	PB6	RD	LCD_RD	PC6
DB8	LCD_D7	PB7	BL	LCD_BL	PC10
DB10	LCD_D8	PB8	MISO	T_MISO	PC2
DB11	LCD_D9	PB9	MOSI	T_MOSI	PC3
DB12	LCD_D10	PB10	T_PEN	T_PEN	PC1
DB13	LCD_D11	PB11	T_CS	T_CS	PC13
DB14	LCD_D12	PB12	CLK	T_SCK	PC0

5.3 软件设计

通过软件设计,系统实现了语音交互功能,用户可语音控制冰箱门;温湿度传感器实时检测冰箱内温度,可实现冰箱内温度的智能调节;LCD 屏幕可显示冰箱内食物的剩余保存时间;GSM 模块可短信提醒用户食物即将到期。

5.3.1 语音控制电动机

本设计的语音交互功能主要是通过识别语音来控制电动机的转动,电动机模拟冰箱门,实现仿真冰箱自动开门和关门的效果。

用户说出一级命令"冰箱",语音模块 LD3320 得到指示,LED 灯亮,唤起语音识别模块;接着说出二级命令"开门"/"关门"。

"开门":开发板的红灯灭、绿灯亮,延时 1 s 后,电动机启动,IN1＝0,IN2＝1,电动机正转 2 s 表示开门。

"关门":开发板的红灯亮、绿灯灭,延时 1 s 后,电动机启动,IN1＝1,IN2＝0,电动机反转 2 s 表示关门。

图 5-15 所示为语音控制流程图。

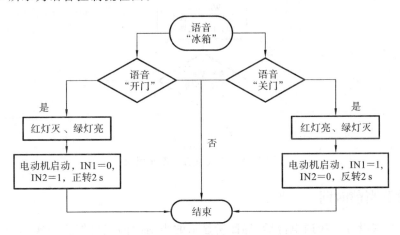

图 5-15　语音控制流程图

5.3.2 设置保存天数

放入食物,利用按键 Key 与 LCD 屏幕的结合来设置食物的保存时间,同时设置了 GSM 模块的发送短信时间。

Wk_up:在主界面,用来指代光标,Wk_up＋＋表示光标从上向下移动以选择食物;在调节天数界面,Wk_up 表示退出调节天数界面,返回主界面。

Key0:在主界面,Wk_up 光标指向所选食物,Key0 表示进入调节天数界面;在调节天数界面,Key0 表示增加天数。

Key1:在调节天数界面,Key1 表示减少天数。

例如,要放入冰箱内的食物为猪肉、白菜、苹果、牛肉、鸡蛋,根据 LCD 屏幕所显示食物的前后次序,猪肉为第一,按上述顺序依次往后排。首先放入猪肉,按一下 Wk_up 键选择所放食物为猪肉;按下 Key0 进入调节天数界面,利用"Key0:+"及"Key1:-"来设置猪肉的保存天数;天数设置完成后,按 Wk_up 键退出调节天数界面,返回主界面。同样按上述操作放入白菜等食物,直到将鸡蛋也放入冰箱并设置好保存天数后,返回主界面结束操作。图 5-16 所示为按键设置天数流程图。

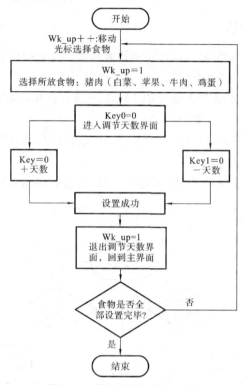

图 5-16 按键设置天数流程图

5.3.3 设置当前时间

按以上步骤设计完接通电源后,界面所显示的当前时间很可能会与实际当前时间有所偏差,这时候就需要手动调节系统的时间,将界面所显示的当前时间更改为实际时间,更改时间可精确到秒。图 5-17 所示为按键设置时间流程图,此流程只列出了更改年份的具体操作。

首次打开主界面,持续按 Wk_up 键移动光标至界面当前温度上一行显示出时间,表示进入更改时间界面。继续按 Wk_up 键,在年的上端显示出一个光标,这就表示可以利用"Key0:+"及"Key1:-"来调节年份。继续按 Wk_up 键,光标移动至月上端,同上可利用按键调节月份。持续操作,同理调节日、时、分、秒。调节后,按 Wk_up 键,弹出"确定更改时间? 否"。如果调节错误,不想保存,按 Wk_up 键确定且返回主界面,时间无更改;如果调节成功,按 Key0 键,弹出"确定更改时间? 是",按 Wk_up 键确定且返回主界面。时间调节完成。

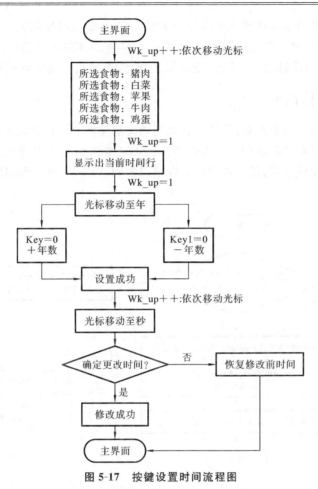

图 5-17　按键设置时间流程图

5.3.4　温度检测

温湿度传感器用来检测冰箱内实时温度,可实现冰箱的基本功能,同时设置温度阈值来控制继电器的工作,实现智能调节功能。图 5-18 所示为智能调节工作流程图。

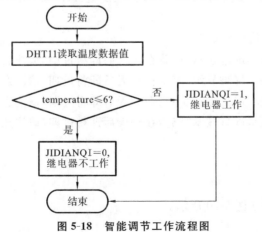

图 5-18　智能调节工作流程图

DHT11 温湿度传感器检测当前冰箱内实时温度值,设置温度阈值为 6 ℃。

(1) 当检测出当前温度≤6 ℃时,继电器不工作,冰箱维持内部温度;

(2) 当检测出当前温度>6 ℃时,继电器工作,降低冰箱内温度至 6 ℃以下。

5.3.5 GSM 短信提示

为防止食物过期,避免浪费,设计了食物到期提醒功能。将食物放入冰箱后设置食物的保存期限,当食物保存期限还剩下 1 天时,利用 GSM 模块给系统内缓存的手机号码发送短信"××在一天后即将过期,请注意!!!"。以猪肉为例,图 5-19 所示为到期发送短信提示的流程图。

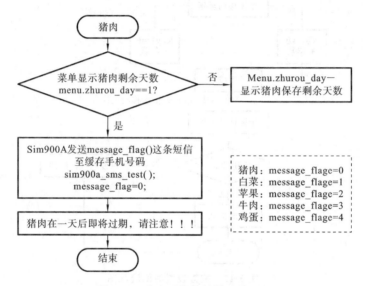

图 5-19　猪肉到期短信提示流程图

在 LCD 屏幕上利用按键设置好放入冰箱内的食物的保存天数后,随着天数的减少,当屏幕显示猪肉保存剩余天数为 2/2++天时,SIM900A 不启动,依旧显示剩余天数;当屏幕显示猪肉保存剩余天数为 1 天时,SIM900A 模块发送 message_flag():"猪肉在一天后即将过期,请注意!!!"。

其他食物设定的短信提示如下。

白菜:message_flag1,屏幕显示"白菜在一天后即将过期,请注意!!!"。

苹果:message_flag2,屏幕显示"苹果在一天后即将过期,请注意!!!"。

牛肉:message_flag3,屏幕显示"牛肉在一天后即将过期,请注意!!!"。

鸡蛋:message_flag4,屏幕显示"鸡蛋在一天后即将过期,请注意!!!"。

5.4　系统演示

本设计的硬件实物如图 5-20 所示。

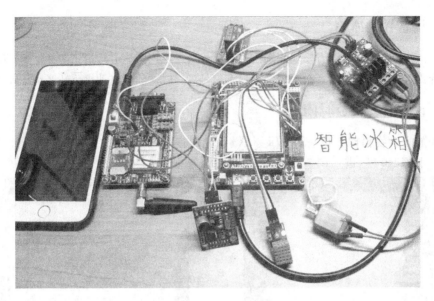

图 5-20 硬件实物

5.4.1 系统初始化

连接电源。全部模块连接电源后,开发板开始尝试连接其他模块,屏幕显示"尝试连接模块…"。在没有开启 GSM 模块时,是检测不到其他模块的,LCD 屏幕显示"未检测到模块!!!"。

长按 GSM 模块的按键,开启 GSM 模块,使开发板与 GSM 模块连接。连接过程中,继电器响一下表示连接成功,同时温湿度传感器开启。LCD 屏幕显示初始界面,显示出可以放入的食物种类、时间和当前冰箱内的温度,如图 5-21 所示。

图 5-21 LCD 屏幕初始界面

5.4.2 语音控制冰箱

语音："冰箱,开门"。语音模块识别出声音信号后,绿灯亮起,电动机正转 2 s 表示开门。

语音："冰箱,关门"。语音模块识别出声音信号后,红灯亮起,电动机反转 2 s 表示关门。

5.4.3 设置食物存放时间

首先放入食物猪肉。按一下 Wk_up 键,(光标指向)显示所放食物"猪肉",如图 5-22 所示。按一下 Key0 键,进入调节天数界面,如图 5-23 所示。

图 5-22　所放食物为猪肉　　　　图 5-23　设置猪肉存放天数

在此界面下,按 Key0 键可增加天数,例如按两下 Key0 键,猪肉存放天数为 2,如图5-24 所示。按 Key1 键可减少天数,例如接着图 5-24 操作,按一下 Key1 键,则猪肉存放天数变为 1,如图 5-25 所示。

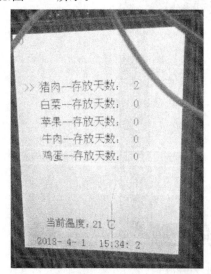
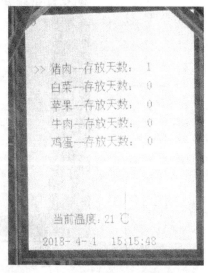

图 5-24　增加猪肉存放天数至 2 天　　　　图 5-25　减少猪肉存放天数至 1 天

　　例如,若猪肉建议存放天数为 2 天,即设置 2 天。设置完成后,按 Wk_up 键,返回主界面,可看到成功设置猪肉存放天数为 2 天。

　　注:当返回主界面时,光标从头移动,即按主界面显示食物次序移动,每设置一种食物的存放天数后返回主界面一次,光标都重新指向猪肉。

　　依次放入食物白菜。按两下 Wk_up 键,(光标指向)显示所放食物"白菜",如图 5-26 所示。按一下 Key0 键,进入调节天数界面,如图 5-27 所示。

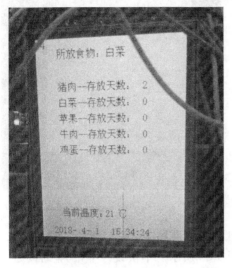

图 5-26　所放食物为白菜　　　　　　　　　图 5-27　设置白菜存放天数

　　在图 5-27 所示调节天数界面下,按三下 Key0 键,白菜存放天数设为 3 天,如图 5-28 所示。设置完成后,按 Wk_up 键,返回主界面,可看到成功设置白菜存放天数为 3 天。

　　按如上操作可设置 5 种食物的存放天数。

5.4.4　自动更新存放天数

　　设置好所有食物的存放天数后。系统设置仿真秒针每走到 59 s 时代表一天将过去,且分针＋1,秒针为 0,所有食物的存放天数自动－1。同时,当部分食物剩余天数为 1 天时,GSM 模块会向预设的手机号发送短信提醒。

5.4.5　短信提示

　　本次设计中,上述设置的食物存放天数分别为:猪肉 2 天、白菜 3 天、苹果 5 天、牛肉 2 天、鸡蛋 4 天。一天过去后,各食物的剩余存放天数更新,即猪肉 1 天、白菜 2 天、苹果 4 天、牛肉 1 天、鸡蛋 3 天。因此,剩余存放天数为 1 天的是,猪肉和牛肉。则此时系统将发送短信给用户手机:"猪肉在一天后即将过期,请注意!!! 牛肉在一天后即将过期,请注意!!!"。

5.5.6　设置时间

　　按 Wk_up 键依次移动光标至最底层,继续按 Wk_up 键,界面显示年、月、日及时、分、秒如图 5-29 所示,表示可以更改时间。

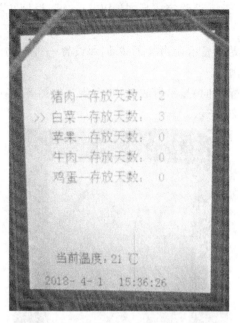

图 5-28　设置白菜存放天数为 3 天

图 5-29　显示更改时间行

　　继续按 Wk_up 键,光标依次移动到年、月、日、时、分、秒上,其中,光标移动到年、月、日、时上的情形分别如图 5-30、图 5-31、图 5-32、图 5-33 所示。本次设计中,调整时间暂不更改年、月、日及时。

图 5-30　光标移动至年

图 5-31　光标移动至月

图 5-32　光标移动至日

图 5-33　光标移动至时

　　假设当前时间为 2018-4-1　15：48：28。当光标在分上时，按 Key1 键减少分钟数至 37，如图 5-34 所示；当光标在秒上时，按 Key0 键增加秒钟数至 37，如图 5-35 所示。

图 5-34　设置分钟为 37 分

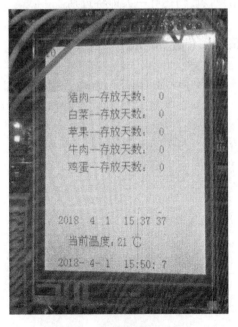

图 5-35　设置秒钟为 37 秒

　　设置完成后，按 Wk_up 键，弹出"确定更改时间？否"，如图 5-36 所示。按 Key0 键，弹出"确定更改时间？是"，如图 5-37 所示。确定更改时间，按 Wk_up 键，确认，更改时间成功。

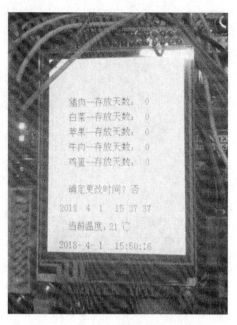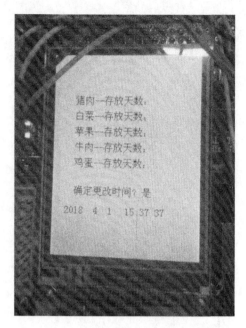

图 5-36　显示"确定更改时间？否"　　　　　　图 5-37　显示"确定更改时间？是"

上述为系统的全部演示过程,包括:语音开关门,TFT-LCD 屏幕和按键联合显示设置食物的保存时间,自动更新时间,以及当食物保存天数只剩最后一天时,系统发送短信告知用户该食物还有一天即将过期。

5.5　创意扩展

(1) 进行软件设计,实现:根据冰箱里的食物,推荐健康菜谱。

(2) 采用 WiFi 模块实现智能冰箱的联网查询食物功能。

第6章　家居物联

智能家居(英文:smart home,home automation)是以住宅为平台,利用综合布线技术、网络通信技术、安全防范技术、自动控制技术、音视频技术,将家居生活有关的设施集成、构建高效的住宅设施与家庭日程事务的管理系统,提升家居安全性、便利性、舒适性、艺术性,并实现环保节能的居住环境。

6.1　任务需求

随着人们对家庭住宅智能化的需求增大,智能家居的市场应运而生。智能家居涵盖着核心控制系统、安防系统、HAVC(采暖、通风、空调)系统、家电系统等,使用户的生活更安全、温馨、舒适及便利。本任务实现一个具有门禁安防警示、监测家居环境(温度)数据、家电远程控制等综合功能的系统。

智能家居控制中心由STM32主控芯片(主控模块)完成,外围模块有RFID模块、蓝牙模块、触屏模块、RTC(实时时钟)模块、温湿度传感器模块、LCD模块、蜂鸣器,以及电子锁模块。系统整体结构如图6-1所示。

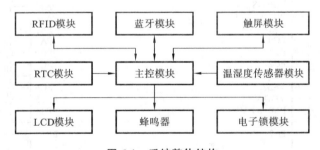

图 6-1　系统整体结构

(1) 主控模块:读写设备的数据处理控制核心,其功能是控制 RFID 模块完成非接触射频卡的读写,还要负责通过无线通信与 PC 端或应用系统进行通信,以及对显示设备等其他外部设备的控制。

(2) RFID 模块:实现射频卡读写及射频信号的处理和数据的传输。

(3) 蓝牙模块:发送数据至手机端,以及接收手机端传输的指令。

(4) 触屏模块:实现对界面系统的操作。

(5) RTC 模块:实现控制系统的时钟功能,以及密码数据的记录。

（6）温湿度传感器模块：采集温湿度信息。

（7）LCD模块：显示系统界面。

（8）蜂鸣器：对相应的操作结果进行声音的提醒。

（9）电子锁模块：实现用密码控制门禁的功能。

6.2　硬件设计

6.2.1　主控MCU芯片

本次任务系统设计采用了正点原子mini开发板，搭载的是STM32F103RBT6芯片。

STM32F103RBT6是基于Corte-M3内核的微控制器，工作频率为72 MHz，内置高速存储器（高达128 kB的闪存和20 kB的SRAM），具有丰富的增强I/O端口和连接到两条APB（advanced peripheral bus，外围总线）的外设。所有型号的器件都包含2个12位的ADC、3个通用16位定时器和1个PWM定时器，还包含标准和先进的通信接口：多达2个I2C接口和SPI接口、3个USART接口、一个USB接口和一个CAN接口。STM32F103RBT6的引脚封装如图6-2所示。

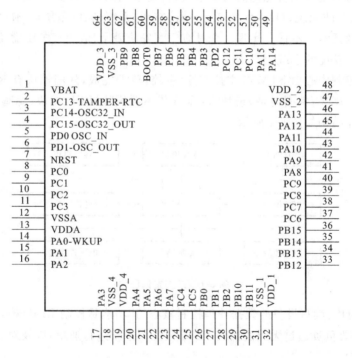

图6-2　STM32F103RBT6引脚封装

6.2.2　RFID模块

RFID模块的主要构成为以下几个部分。

1. RFID 标签

RFID 标签可选择钥匙扣卡或者硬卡,具有便于携带、成本较低等优势。

2. 天线

线圈及匹配电路,为读写器实现射频通信必不可少的一部分。

3. 读写器

读写器的主要功能为有效地读取 RFID 标签上发送过来的信息,可以用来设计身份识别系统,应具有很好的使用率和准确率。读写器的主要功能是读取与写入 RFID 标签中的信息,在选择读写器的时候我们应该考虑以下几个方面的内容。

1) 工作频率

读写器工作的频率必须与 RFID 标签的工作频率配套。根据已选择的 RFID 标签的频率,以及实际的系统需求,本任务中读写器的工作频率定为 13.56 GHz。

2) 读写器类型

读写器有移动式和固定式两种类型。移动式读写器适用的实际场景有:不定时对人员进行身份抽检、资产管理和盘点、物流管理等。

根据以上条件,本设计采用了恩智浦半导体(NXP)公司生产的 MF RC522 芯片,该芯片是 13.56 MHz 非接触式通信中高集成度读写卡系列芯片中的一员,MF RC522 通信连线图如图 6-3 所示。

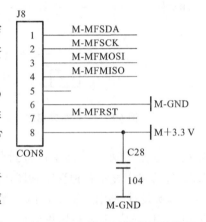

图 6-3　MF RC522 **通信连线图**

MF RC522 根据其寄存器的设定对发送数据进行调制得到发送信号,通过天线驱动引脚 TX1 和 TX2 驱动天线以 13.56 MHz 的电磁波形式将信号发送出去。在其射频范围内的 RFID 卡采用射频(RF)场的负载调制进行响应。由天线接收到 RFID 卡的响应信号经过天线的匹配电路送到 MF RC522 的接收引脚 RX,芯片内部的接收器对接收信号进行解调、译码,并根据寄存器的设定进行处理,最后将数据发送到并行接口由微控制器读取。

图 6-4 所示为 MF RC522 的简化工作原理图。其中,模拟信号接口处理模拟信号的调制和解调,非接触式串口用于连接主机和处理通信协议,采用先进先出缓冲排队机制,主机到非接触式串口拥有高速的数据传输率,反之亦然。

6.2.3　RTC 时钟

作为一个完整的智能家居系统,肯定需要对时间进行记录。STM32 芯片自带实时时钟(RTC)功能,其电池电压(VBAT)采用 CR1220 纽扣电池盒 VCC 3.3 V 混合供电的方式,有外部电源(VCC 3.3 V)时,CR1220 不给 VBAT 供电,而在外部电源断开的时候,则由 CR1220 给 VBAT 供电,来保证 VBAT 持续在有电的状态下,以保证 RTC 的走时及后备寄存器的内容不会丢失。RTC 相关电路如图 6-5 所示。

如图 6-5 所示,若安装了电池,将 J9 的跳线帽断开,VBAT 管脚由电池供电;如果没有安装电池,将 J9 用跳线帽短接,VBAT 管脚将由+3.3 V 系统电源供电。

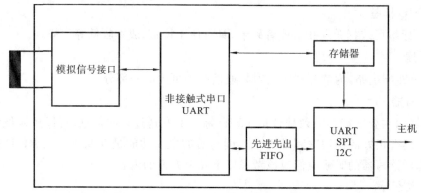

图 6-4　MF RC522 的简化工作原理图

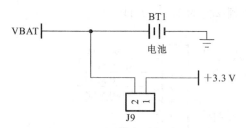

图 6-5　RTC 相关电路

RTC 是一个独立的定时器。RTC 模块为一组连续计数的计数器,进行软件配置后,用来供给时钟日历。修改计数器的值可以重新设置系统当前时间和日期。

6.2.4　LCD 模块

LCD 模块是一种集成度比较高的显示模块。LCD 模块将液晶显示器件、控制板、PCB 电路板、背光源和外部连接端口等封装为一体,可以方便地用于需要液晶显示的各类场合。LCD 屏幕可以显示各种汉字和图形,便于操作,并且功耗低。

本次设计使用的是 2.8 寸(一般指对角线尺寸为 2.8 英寸,1 英寸=2.54 cm)大小的 TFT-LCD 屏幕,开发板提供的接口是目前比较通用的 LCD 屏幕接口,由一个 32 芯的 LCD 接口引出了 LCD 控制器的全部信号。LCD 屏幕与主控 MCU 的连接图如图 6-6 所示。

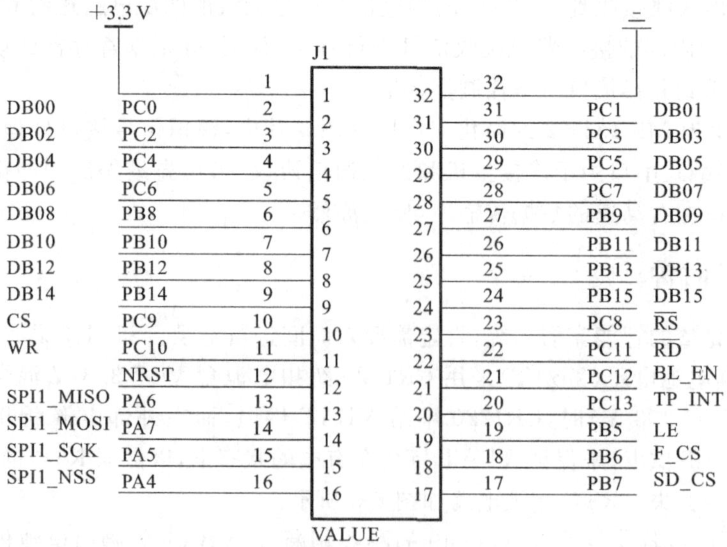

图 6-6　LCD 屏幕与主控 MCU 的连接图

6.2.5　触摸屏模块

电阻式触摸屏利用压力感应进行控制。电阻式触摸屏的主要部分是一块与 LCD 屏幕表面非常配合的电阻薄膜屏。这是一种多层的复合薄膜,它以一层玻璃或硬塑料平板作为基层,表面涂有一层透明氧化金属(透明的导电电阻)导电层,上面再盖有一层外表面硬化处理、光滑防擦的塑料层。它的内表面也涂有一层涂层,在两层导电层之间有许多细小的(小于 1/1000 in,1 in＝2.54 cm)透明隔离点,这些隔离点把两层导电层隔开绝缘。当手指触摸屏幕时,两层导电层在触摸点位置就有了接触,电阻发生变化,在 x 和 y 两个方向上产生信号,然后将信号送到触摸屏控制器。控制器侦测到这一接触并计算出 (x,y) 的位置,再根据获得的位置模拟鼠标的方式运作。这就是电阻式触摸屏的最基本的工作原理。

电阻屏的特点如下:

(1) 对外界完全隔离的工作环境,不怕灰尘、水汽和油污;

(2) 可以用任何物体来触摸,可以用来写字、画画,这是它们比较大的优势;

(3) 精度只取决于 A/D 转换的精度,因此精度都能轻松达到 4096×4096。

从以上介绍可知,触摸屏都需要一个 A/D 转换器(一般来说是需要一个控制器的)。ALIENTEK TFT-LCD 模块选择的是四线电阻式触摸屏,这种触摸屏的控制芯片有很多,包括:ADS7843、ADS7846、TSC2046、XPT2046 和 AK4182 等。这几款芯片的驱动基本上是一样的,即只要写出了 ADS7843 的驱动,这个驱动对其他几个芯片也是有效的,而且封装也有一样的,完全 pin to pin,所以替换起来很方便。

ALIENTEK TFT-LCD 模块自带的触摸屏控制芯片为 XPT2046。XPT2046 是一款 4 导线制触摸屏控制器,内含分辨率为 12 位、转换率为 125 kHz 的逐步逼近型 A/D 转换器。XPT2046 支持 1.5～5.25 V 的低电压 I/O 接口。XPT2046 能通过执行两次 A/D 转换查出被按的屏幕位置,除此之外,还可以测量加在触摸屏上的压力。内部自带的 2.5 V 参考电压可以作为辅助输入、温度测量和电池监测模式之用,电池监测的电压范围可以为 0～6 V。XPT2046 芯片内集成有一个温度传感器。在 2.7 V 的典型工作状态下,关闭参考电压,XPT2046 芯片的功耗可小于 0.75 mW。XPT2046 采用微小的封装形式:TSSOP-16,QFN-16(0.75mm 厚度)和 VFBGA-48。其工作温度范围为－40～＋85 ℃。触摸屏连线图如图 6-7 所示。

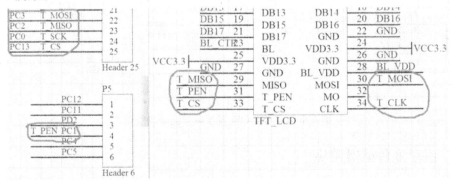

图 6-7　触摸屏连线图

6.2.6 蓝牙模块

ATK-HC05 模块,是 ALIENTEK TFT-LCD 的一款高性能主从一体蓝牙串口模块,可以同各种带蓝牙功能的计算机、蓝牙主机、手机、PDA、PSP 等智能终端配对,该模块支持非常宽的波特率范围:4800～1382400 波特/秒。并且,模块兼容 5 V 或 3.3 V 单片机系统,可以很方便与各种产品进行连接,使用非常灵活、方便。ATK-HC05 蓝牙串口模块连线图如图 6-8 所示。

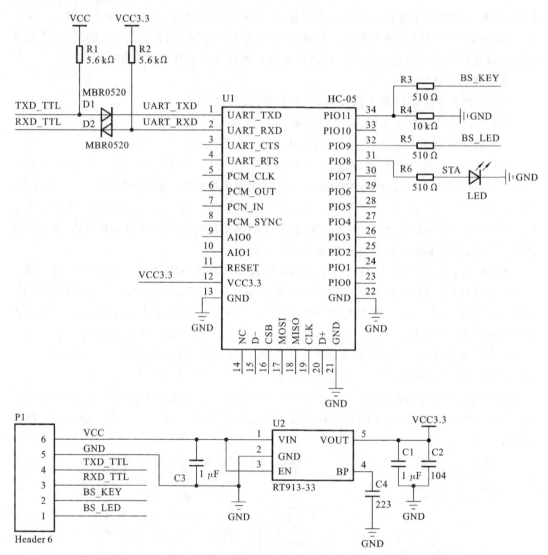

图 6-8 ATK-HC05 蓝牙串口模块连线图

6.2.7 温湿度传感器模块

DHT11 数字温湿度传感器是一款含有已校准数字信号输出的温湿度复合传感器。它应用专用的数字模块采集技术和温湿度传感技术,确保产品具有较高的可靠性与卓越的长期稳定性。该传感器包括一个电阻式感湿元件和一个 NTC 测温元件,并与一个高性能 8 位单片机相连接。其连线图如图 6-9 所示。

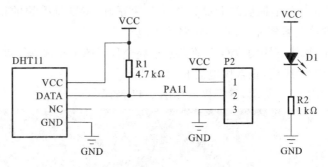

图 6-9　温湿度传感器连线图

6.3　软件设计

系统的程序设计思想:当系统开启运行时,LCD 屏幕显示密码输入界面;来访者将自己的标签置于 RFID 模块上方,MF RC522 芯片读取标签中的相关信息,或通过触摸屏界面输入密码;当密码或标签与系统中保存的信息相符时,可使电子锁打开,并进入管理界面。

具体实现:采用 C 语言进行程序设计。以 MF RC522 的 STM32 例程为编写开发基础,整合 LCD 模块例程、ATK-HC05 模块例程、触摸屏例程和内部 RTC 时钟例程,编写主程序并调用各个子程序。利用 JTAG(joint test action group,联合测试工作组,一种国际标准测试协议)烧写程序,进行硬件调试,利用 JLINK 仿真器观察寄存器变量,排除错误,以使功能正常运行。

系统软件流程:主程序开始进行各类模块、外设等的初始化,使其处于待机状态,等待使用;密码输入界面为一级待机界面,此时 RFID 模块与电子锁模块处于工作状态;当密码验证通过后会进入管理界面,这一界面为二级待机界面,此时可以进行家居管理,工作的模块会显示在屏幕的右下角。

6.4　系统演示与测试

6.4.1　硬件环境

(1) 计算机,用于嵌入式 STM32F103RBT6 的编程、编译、链接、调试(debug)及程序下载。
(2) 1 个 5 V 的移动电源,一根 USB 供电线,1 张 RFID 标签卡。
(3) 杜邦线若干。

6.4.2　软件环境

(1) Keil4,用于 STM32 的程序编写、编译、链接和调试。

（2）JTAG 仿真器，用于程序下载。

6.4.3　测试系统

（1）检查 MCU 与各个模块的 I/O 口连接是否正确，特别是模块的正负极。上电之前检测一下正负电源线是否短路，确保不短路才上电。

（2）使用 Keil4 软件，利用 JTAG 仿真器进行整个程序的生成、烧写、调试（debug）和完善。

（3）按原理图连接线路，正常供电后开始测试。

硬件连接图如图 6-10 所示，待机界面如图 6-11 所示。

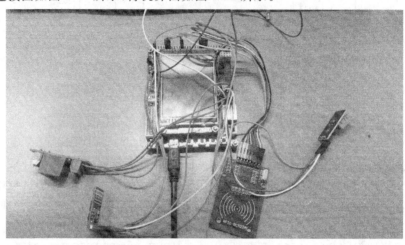

图 6-10　硬件连接图

当密码输入正确或使用了经过授权的 ID（identification，身份识别）卡，系统将进入欢迎界面，如图 6-12 所示；反之，将显示密码错误，如图 6-13 所示。

图 6-11　待机界面　　　　　　　　　　　图 6-12　欢迎界面

　　经过欢迎界面后,进入管理界面,如图 6-14 所示。此时蓝牙模块启动,RTC 时钟显示,可点击右上角按钮返回密码认证界面。

图 6-13　密码错误界面

图 6-14　管理界面

　　(1)点击图 6-14 所示界面中的"温度"按钮进入温湿度界面,如图 6-15 所示,程序将根据实时温度值判断今天适合穿的衣服类型,小于 22 ℃显示长袖,大于 22 ℃显示短袖。

　　(2)点击图 6-14 所示界面中的"开关"按钮进入开关界面,如图 6-16 所示,通过此界面可控制电子锁开关和 LED1 亮灭。

图 6-15　温湿度界面

图 6-16　开关界面

　　(3)点击图 6-14 所示界面中的"授权"按钮可进入授权界面,如图 6-17 所示,系统提示扫卡，当 ID 卡被 MF RC522 读取 ID 后，系统会显示授权成功。

（4）点击图 6-14 所示界面中的"重置"按钮，系统将进入密码验证界面，如图 6-18 所示。当密码输入正确后，进入密码重置界面，如图 6-19 所示，输入重置后的新密码，将显示"重置成功"，如图 6-20 所示，新密码可以使用。

图 6-17　授权界面

图 6-18　密码验证界面

图 6-19　密码重置界面

图 6-20　密码重置成功界面

另外，当系统处在管理界面时，可以通过手机端蓝牙串口助手连接控制中心，可控制门的开关和灯的开关,发出 wd 指令可以获得温湿度数据,如图 6-21 所示。

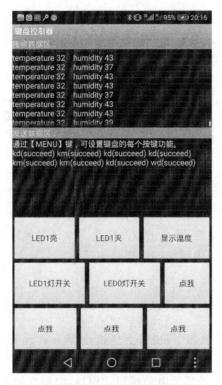

图 6-21　温湿度显示界面

6.4.4　测试结果

经过多次测验,本设计具有的功能有:密码门禁,RFID 门禁,密码重置,温湿度显示,蓝牙数据收发,图形界面可视。预期功能基本实现。

6.5　创意扩展

(1) 利用 PWM 实现灯光的亮度调节功能。

(2) 采用 WiFi 模块或 GSM 模块,替换蓝牙模块,实现数据的无线通信功能。

第7章　健身房环境监测

　　随着中国的科技迅速发展及人民生活水平的显著提高,公众对强身健体的意识逐渐增强,跑步已然成为大家较受欢迎的运动之一。由于我国许多地区污染严重、空气质量较差,健身爱好者们更多地会选择使用室内健身器材来锻炼身体。于是,室内运动环境的检测就非常必要,它可为用户提供精准、便捷的健身指导。本任务就是基于"物联网＋健身"模式设计的,目的是为运动爱好者提供更好的健身服务。

7.1　任务需求

　　系统整体设计分为上位机和下位机,上位机由 Visual Studio 开发平台进行编程,通过软件设计在计算机屏幕上显示心率、温度、时间等各种运动环境和用户身体状况信息;下位机主要由 STM32 开发板、电动机及电动机驱动模块、温湿度传感器、MP3音乐播放模块、脉搏传感器模块等组成,通过 Keil 开发软件进行编程。上位机向下位机发出命令,下位机对接收到的数据进行解码,根据该命令控制相应的设备,并实时将设备接收到的数据转换为数字信号反馈到上位机。系统框图如图 7-1 所示,此设计共有如下五个功能。

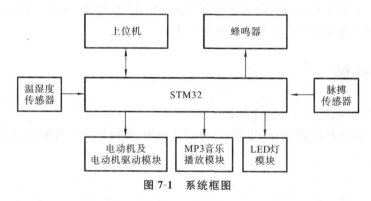

图 7-1　系统框图

　　(1) 跑步机速度选择:电动机设置了高、中、低三挡转速,用来模拟跑步机的速度,用户可通过上位机界面来选择电动机的转速。

　　(2) 环境温度检测:上位机界面可通过串口连接方式,显示由下位机实时采集的环境温度数据。

　　(3) 运动音乐选择:由 STM32 下位机外接扬声器播放歌曲,上位机可以控制音乐播放和停止。

（4）用户脉搏检测：通过下位机脉搏传感器模块，将接收到的心率数据传输到上位机并显示在界面上。

（5）系统报警：用户可根据自身健康状况设置心率上限，在运动过程中，当用户的心跳超过设定上限值时，蜂鸣器就会报警并且 STM32 上的红灯亮起。

7.2　下位机设计

7.2.1　LED 灯模块

目前市面上最流行最实用的半导体发光器件，就是通过光和材料技术显示亮度的 LED，LED 显示比传统的材料显示有更多的优点，它的效率、数字化和模块化程度方面都相对较高，功耗低，并且 LED 的制作材料属于无机材料，环保又安全。

ALIENTEK MiniSTM32 开发板上总共有 3 个 LED，其 LED 原理图如图 7-2 所示。其中，PWR 为蓝色的开发板电源指示灯；LED0 对应的引脚为 PA8，并显示为红灯；LED1 对应的引脚为 PD2，显示为绿灯。红灯的亮度可以由引脚 PA8 通过 PWM 输出来调试。

LED 软件流程图如图 7-3 所示。DS0 为红灯，需要的结果是当蜂鸣器报警时红灯亮，并根据设定参数初始化 GPIOA.8，所以要将蜂鸣器的 I/O 口连接在 STM32 开发板的 PA8（PA8 对应着 STM32 开发板红灯）上，VCC 处连接 STM32 开发板 3.3 V 模块，GND 处连接 STM32 GND 模块。蜂鸣器 I/O 口速度为 50 mHz，当蜂鸣器报警时，DS0 则亮起；当蜂鸣器不响时，DS0 不亮。同理，如果想将红灯换成绿灯，则需要控制的端口就是 DS1，就要将蜂鸣器的 I/O 口连接在 STM32 开发板的 PD2 上。

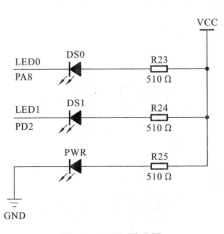

图 7-2　LED 原理图

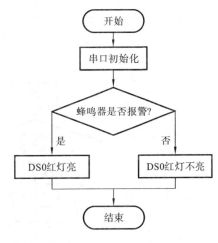

图 7-3　LED 软件流程图

7.2.2　温湿度传感器模块

DHT11 温湿度传感器模块，板载 DHT11 芯片，同时留有 4P 圆孔座，方便焊接该芯片。此模块共有三个引脚，分别为 VCC、GND 和 DATA，如图 7-4 所示，内置上拉电阻和电源指示灯。

　　将温湿度传感器的 GND 接口接在 STM32 的 GND 模块上,将 VCC 接口接在 3.3 V 电源处,将 DATA 引脚接在开发板的 B11 处,工作电压范围为 3.3~5 V。注意,不能将正负极接反,否则极易将板子烧坏。连接成功后红色指示灯亮起,温度测量范围为 0~50 ℃,湿度测量范围为 20%~95%(对应 0~50 ℃)。

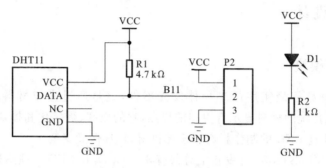

图 7-4　DHT11 内部原理图

　　温度读取流程图如图 7-5 所示,首先要设定 DH(传感器采集得到的温度数据)值,等待 DH 的回应,信号返回 1 时,则检测到 DH 的存在,信号返回 0 时,则检测不到 DH 的存在。当 DH 读取到数据时(令检测到的温度值的范围为 0~50 ℃),则将读取到的数据返回至控制板。当程序子函数的返回值为 0 时,则读取过程正常;当返回值为 1 时,则读取过程失败。

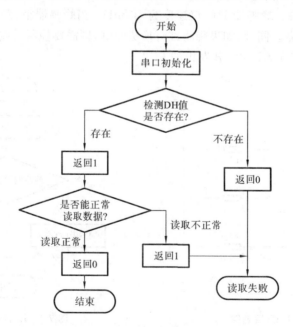

图 7-5　温度读取流程图

7.2.3　蜂鸣器模块

　　本次设计所采用的蜂鸣器为有源蜂鸣器。该模块采用了 S8550 三极管驱动,工作电压为 3.3～5 V,设有固定螺栓孔,方便蜂鸣器的安装与拆卸。图 7-6 所示为蜂鸣器内部原理图。它有三个接口,分别为 VCC、GND 和 I/O 口。I/O 口外接单片机 PB8 引脚,当 I/O 口接入低电平时,蜂鸣器发声。

蜂鸣器模块的主要用途是实现心率系统报警功能,其报警流程图如图 7-7 所示,首先在上位机界面内根据自身身体状态设置心率的上限和下限,当下位机采集到的当前心率超过上限或低于下限时,蜂鸣器开始报警。

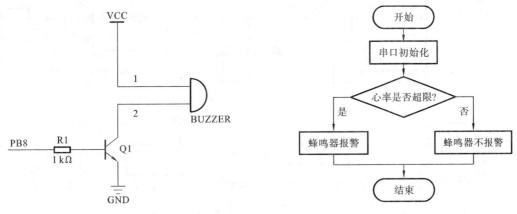

图 7-6　蜂鸣器内部原理图　　　　　　　图 7-7　蜂鸣器报警流程图

7.2.4　电动机及电动机驱动模块

本次设计所采用的电动机为微型 130 小马达,电压范围为 1～6 V,电流范围为 0.35～0.4 A,最高转速为 17000～18000 r/min。电动机驱动选择的是由 L298N 作为主驱动芯片的模块,其优点较多,比如它发热较低,因此具有很强的抗干扰能力和驱动能力。本模块还使用了大容量滤波电容,为了避免稳压芯片损坏,可使用内置的 78M05 通过驱动电源部分取电来工作,这样可以续流保护二极管,从而达到提高可靠性和稳定性的目的。

PWM 驱动原理如图 7-8 所示。电动机驱动模块主要用到的接口有 IN3、VSS、GND、OUT3 和 OUT4。IN3 口连接开发板 PA2 引脚,OUT3 和 OUT4 分别连接电动机的正负极。其中,PWM 信号由 STM32 开发板定时器产生,并通过 PA2 引脚输出到电动机驱动模块的 IN3 引脚。电动机驱动的驱动芯片 L298N 采用隔离耦合方式处理信号,如图 7-9 所示,首先进行系统复位初始化,驱动开始接收上位机通过点击"高速、中速、低速"选择的命令,读取分频计数和速度值,并鉴别频率和相位误差,此时 PWM 信号形成,转速信号开始检测,将命令传递给电动机,从而控制电动机运转。因为这是一个实时可持续命令,所以会循环重复此操作,直到人为控制结束。

7.2.5　MP3 音乐播放模块

本次设计采用的是将 MP3 音乐播放模块与按键焊接在万能板(也称洞洞板)上的形式,形成一个播放系统。MP3 播放模块原理图如图 7-10 所示。

将 MP3 音乐播放模块的 VCC 接口连接 STM32 开发板 5 V 电源处,GND 接口与

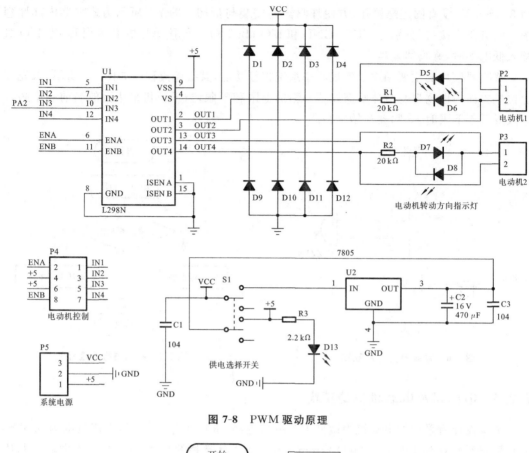

图 7-8　PWM 驱动原理

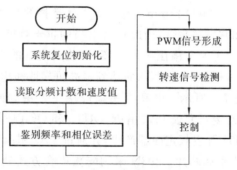

图 7-9　PWM 驱动控制流程图

STM32 开发板 GND 相连,另外,将 MP3 音乐播放模块的 IO1 接口连接在 STM32 开发板的 PA7 引脚上,将 MP3 音乐播放模块的 IO2 接口连接在 STM32 开发板的 PA6 引脚上。

　　RX 和 TX 的功能分别是 UART(universal asynchronous receiver/transmitter,通用异步接收发送设备)串行数据输入和 UART 串行数据输出;DAC_R 和 DAC_L 的功能分别是音频输出右声道和音频输出左声道,都具有驱动耳机的功效;IO1 和 IO2 的功能都是作为一个触发口,默认触发上一曲和下一曲;ADKEY1 和 ADKEY2 的功能都是长按此键则循环当前歌曲;BUSY 接口的输出信号为音频播放状态,有音频则 BUSY 接口输出低电平,无音频则 BUSY 接口输出高电平。除此之外,还要连接一个扬声器来播放所配置的歌曲,在这里用一个便捷的小喇叭代替,将杜邦线焊接在小喇叭正负极上,并且正极连接在 MP3 音乐播放模块的 SPK1 上,负极连接在 MP3 音乐播放模块的 SPK2 上,需要切换歌曲时通过上位机来控制。

　　MP3 音乐播放流程图如 7-11 图所示。串口初始化后,先查找同步信号,看回馈结果是否同步,如果能同步则开始解码音频数据,解码后的数据进入缓冲区,缓冲区未满时则继续缓冲,直到缓冲区满后开始播放,最后手动结束。

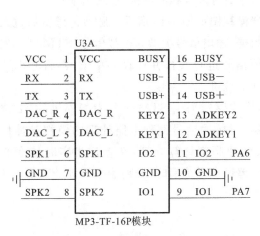

图 7-10　MP3 播放模块原理图

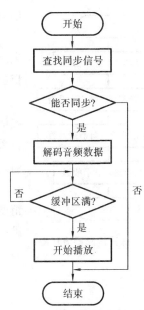

图 7-11　MP3 音乐播放流程图

7.2.6　脉搏传感器模块

　　本次设计采用了多功能式脉搏传感器模块,该传感器可以戴在手指、耳垂或者放在手腕脉搏上,通过互连线与 STM32 开发板相连,电路板背面有 3 个接口。脉搏传感器原理图如图 7-12 所示,标有"VOUT"的为信号输出线,连接 STM32 开发板的 PA1 引脚,标有"VCC"的

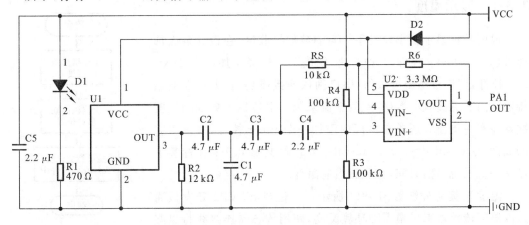

图 7-12　脉搏传感器原理图

为电源输入线,连接 STM32 开发板的 3.3 V 或 5 V,标有"GND"的为地线,连接 STM32 开发板的 GND 处。

连接脉搏传感器前要安装串口驱动,当串口驱动安装无误后,用 USB 线连接 STM32 开发板和计算机端,此时脉搏传感器上的 LED 发出绿光,说明传感器上电正常。同时,上位机将识别出虚拟串口,可以在设备管理器查看串口号,注意该串口号要和上位机串口选择的串口号保持一致。

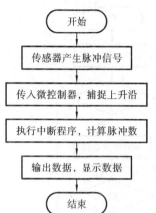

图 7-13　脉搏传感器流程图

脉搏传感器正常工作后,系统对脉搏电信号进行采集,产生脉冲信号,接着进行滤波和整形,然后输入到 STM32 开发板的 PA1 接口,并实时传送到上位机,显示出来。

脉搏传感器流程图如图 7-13 所示。脉搏传感器通过人体接触开始接收数据,输出信号类型为模拟信号,STM32 开发板将采集到的脉搏信号进行转换并计算心率值,再将心率数值通过串口上传到上位机。

系统中,脉搏传感器采用 STM32 开发板提供的 12 位高精度模数转换器,对脉冲信号调理电路处理的模拟脉冲信号进行数字滤波、脉冲频率计算处理,在上位机实时传送心率值。当脉冲频率超过有限范围时,蜂鸣器则警告,STM32 开发板红灯亮起。

7.3　上位机设计

上位机软件部分由 Visual Studio 开发平台工具编写,主要设计一个串口助手界面,共由五部分组成:串口号波特率的选择区、数据接收区、心率控制区、电动机控制按钮区和音乐播放区。

7.3.1　显示温度

温度数据显示在串口助手界面的数据接收区,在设计页面选择添加一个 Label 控件,并改名为"温度",再选择添加一个 TextBox 控件,用来显示温度数值,串口确认连接成功后,即可在数据接收区内看见接收的数据,此数据值来源于下位机采集到的温度数据并实时更新。还要在界面内添加一个 timer 控件,并设置它的属性,令 enabled=true,interval=0.1,使其每 0.1 s 在标签上显示一次系统当前时间,并更新当前温度。

温度采集流程图如图 7-14 所示。下位机 STM32 开发板通过温湿度传感器来采集周围环境温度,使用传感器连接线将温湿度传感器连接到主控制板的引脚 B11 上。

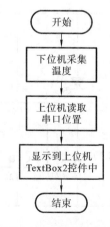

图 7-14　温度采集流程图

7.3.2　显示心率

上位机显示的心率数据由下位机主控制器连接的脉搏传感器提供,心率数据也显示在串口助手界面的数据接收区,在设计页面选择添加一个 Label 控件,并改名为"心率",再选择添加一个 TextBox 控件,用来显示心率数值,心率数据取平均每分钟脉搏跳动次数。

心率采集流程图如图 7-15 所示。将脉搏传感器放在指尖、耳垂或手腕处,用来采集数据,并将采集到的人体心率数据转换成微弱的电信号。内部电路实现传感器对采集的微弱电信号进行滤波放大。如果电信号转换为电流信号,还需要把信号电流转换为信号电压,使其满足模数转换器转换后的电压范围,然后将采集到的信号和处理结果发送到 PC 以便以有线或无线方式进行进一步处理、分析和备份。

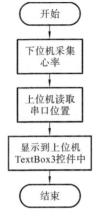

图 7-15　心率采集流程图

7.3.3　心率阈值设置

心率阈值设置部分在串口助手界面的心率控制区,里面共添加了四个控件,两个 Button 控件(分别排序为 Button4 和 Button7)和两个 TextBox 控件(分别排序为 Textbox4 和 Textbox1)。Button 控件有两个作用,一是显示"心率上限"和"心率下限"的位置,二是作为修改数据后的确认键。在 Visual Studio 编程工具中,设置心率上限(在 Button4 控件内编写):首先定义一个 string 字符串 num,并赋值为 Textbox4 框内输入的内容,如果这个字符串 num 长度为三位数,则通过 char ch＝num.ToChArray 将 string 字符串转换为字符数组,因为字符"1"的 ASCII 码值是 49,"0"的 ASCII 码值是 48,故三位数的百位由(ch−48)×100 表示,十位由(ch−48)×10 表示,个位由 ch−48 表示;如果这个字符串 num 长度为两位,则十位由(ch−48)×10 表示,个位由 ch−48 表示。同理,设置心率下限(在 Button7 控件内编写),考虑到人体心率下限不会高过一百,因此只将字符串 num 长度定义为两位数。

心率阈值设置流程图如图 7-16 所示,当按下复位键后,可以将脉搏传感器放在手腕脉搏处或轻放在指腹,同时在心率上限的位置,就用户个人体质设定自己能承受的最高心率,然后点击"心率上限"进行确认;同理设定最低下限心率阈值。

7.3.4　调整转速

电动机速度控制器的目的是获取所需速度的信号(信号由连续的和不连续的两部分组成),并以该速度驱动电动机。电动机速度控制器通过改变发送到电动机的平均电压来工作。

电动机控制部分在串口助手界面的"电机控制按钮"区,选择三个 Button 控件(分别排序为 Button1、Button2 和 Button3)来作为"电机高速""电机中速""电机低速"的按钮。

电动机转速控制流程图如图 7-17 所示。当点击"电机高速"时上位机给主控制器发送命令,控制电动机驱动使电动机高速运转;当点击"电机中速"时上位机给主控制器发送命令,控制电动机驱动使电动机中速运转;当点击"电机低速"时上位机给主控制器发送命令,控制电动机驱动使电动机低速运转。

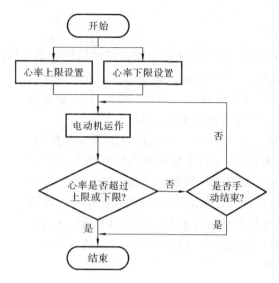

图 7-16　心率阈值设置流程图

7.3.5　切换歌曲

图 7-18 所示为切换歌曲流程图。本次设计可以通过上位机界面上的"开始"和"下一曲"Button 控件控制切歌。点击上位机界面上的"开始"按钮，上位机向串口发送数据。上位

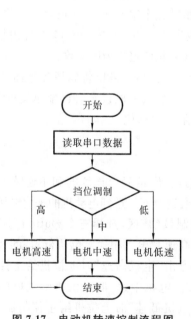

图 7-17　电动机转速控制流程图

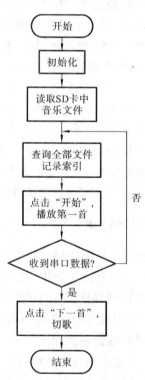

图 7-18　切换歌曲流程图

机收到串口数据后,就能正常播放。如果想换歌,则点击"下一曲"按钮,上位机向串口继续发送数据,以此实现控制下位机切换曲目的功能。

7.4　系统演示与调试

7.4.1　整体设计演示

上位机和下位机通过 USB 串口连接,形成完整的智能跑步机嵌入式系统,整体连接实物图如图 7-19 所示。

图 7-19　整体连接实物图

7.4.2　上位机串口调试

在上位机调试时,可以借助串口驱动在计算机中的设备管理器中查到串口号(COM 口号),每次连接后的 COM 口号不一定相同,然后再将系统设计的 USB 模块连接到计算机进行完整的数据传输,直到打开上位机界面,可以自动显示 COM 口号即可。还有波特率数据,波特率一般用于描述串口通信速度、速率,指串口每秒能传输多少位数据,比如此系统设计的波特率数值为 9600,即传输速度为 9600 波特/秒,一个字节有 8 位,那么,每秒就能传输 9600/8 个字节。串口连接调试图如图 7-20 所示。

点击图 7-20 右上角"打开串口"后,则自动变成"关闭串口"的字样(见图 7-21)。证明此时的串口已连接完成,可以直接进行数据的互通与控制,当完成调试后点击"关闭串口"按钮,页面又显示为"打开串口"字样,说明关闭成功。

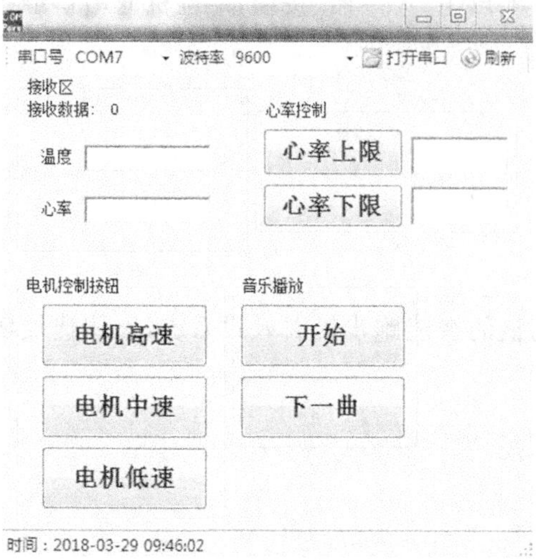

图 7-20　串口连接调试图

图 7-21　串口连接成功

7.4.3　温度检测调试

温湿度传感器调试如图 7-22 所示。在主控制器(开发板)的引脚 B11 处,连接温湿度传感器的输出口,VCC 连接在主控制器电源的 3.3 V 处,GND 连接主控制器的 GND,采用单总线控制(一般用单片机编程控制时都严格按照单总线的时序进行控制)。

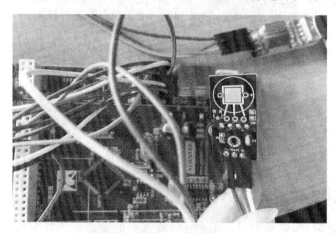

图 7-22　温湿度传感器调试

温湿度传感器接收由下位机传来的温度数据,并显示在界面 TextBox 控件中。上位机温度显示调试如图 7-23 所示,可知此时室内温度为 24 ℃。

为了更好地验证温湿度传感器是否是实时传输温度,并显示在上位机界面上,本设计采用了手握温湿度传感器这种便捷的检测方法,人为地改变温湿度传感器所在环境的温度。图 7-24 所示为上位机温度变化调试图,可以看到,温度已经上升为 32 ℃,对比图 7-23 和图 7-24最下方的时间,计算差值,可知仅用了 40 s 左右的时间就完成了温度值的刷新,温湿度传感器模块的功能验证成功。

图 7-23　上位机温度显示调试　　　图 7-24　上位机温度变化调试

7.4.4　心率检测调试

　　将脉搏传感器的负极接在主控制器的 GND 处,正极接在 5 V 电压处,传输口接在主控制器的 PA1 引脚处,进行数据传输,如图 7-25 所示。连接正确后脉搏传感器会亮起绿灯,以表示脉搏传感器正常工作。

图 7-25　脉搏传感器调试

　　在串口连接正常并打开的情况下,可以将脉搏传感器放在手腕脉搏处进行如图 7-26 所示的脉搏传感器放置调试。为了测试的准确度,此调试姿势要一直保持 1 min 左右。

　　1 min 过后,上位机脉搏传感器调试如图 7-27 所示,界面内"心率"一栏显示的心率数据为"88 次/分",可知此时测试者没有剧烈运动,心率数据属于正常范围。如果脉搏传感器放置的位置不稳定或者放置时间太短,则测量结果会有误差,会导致系统分析不准确。

　　为了更好地进行对比验证,第二次测量之前,测试者做了一些简单的运动来加快自己的心跳,安静放置脉搏传感器 1 min 左右,结果如图 7-28 所示。可以看到,此时心率数据为

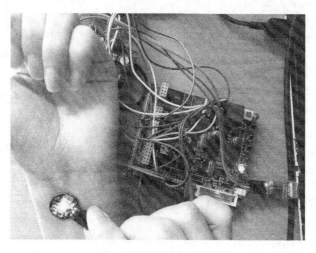

图 7-26　脉搏传感器放置调试

"108 次/分"。以此推论：当用户有充足的条件做剧烈运动时，脉搏传感器也能充分感应到并实时传输。

图 7-27　上位机脉搏传感器调试

图 7-28　上位机脉搏数据变化调试

7.4.5　报警调试

当界面出现心率数据后，用户就可以根据自己的体质设置自己的心率范围，比如本次调试心率上限设置为 140 次/分，在填入数字后一定要点击一下"心率上限"按钮进行确认，如图 7-29 所示。

同理，根据自己的体质设置自己的心率范围的下限，本次调试心率下限设置为 60 次/分，在填入数字后一定要点击一下"心率下限"按钮进行确认，如图 7-30 所示。

接下来，验证系统最重要的报警功能。为了降低调试的难度，让心率在调试中超出心率上限，先将心率上限设置为 120 次/分，随后测试者再进行些简单的运动，此时其心率数据为 123 次/分，如图 7-31 所示。

图 7-29　心率上限调试　　　　　　　　　图 7-30　心率下限调试

在心率达到 123 次/分的同时,STM32 开发板连接的蜂鸣器开始报警,DS0 红灯亮起,提醒用户心率过高,应该适当调整休息。整个报警模块运作成功,蜂鸣器调试如图 7-32 所示。

图 7-31　心率报警调试

图 7-32　蜂鸣器调试

7.4.6　转速控制调试

上位机电动机转速控制调试如图 7-33 所示,界面的“电机控制按钮”区域在整体的左下方,有三个控制按钮,分别是“电机高速”“电机中速”和“电机低速”,代表了跑步机三个运动速度挡位。

本次设计的电动机转速代表了跑步机中跑步带的速度,当需要最高挡位的速度时,点击“电机高速”按钮,需要中挡跑速时,可以点击“电机中速”按钮,需要低挡跑速时,可以点击

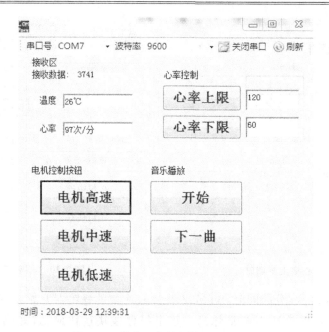

图 7-33   上位机电动机转速控制调试

"电机低速"按钮,以此来达到自己所需的状态。

下位机电动机转速控制调试如图 7-34 所示,下位机通过上位机控制转速的按钮,对电动机驱动实施命令,从而最终控制电动机的转速,从左至右依次为电动机高速、中速和低速转动的情形。

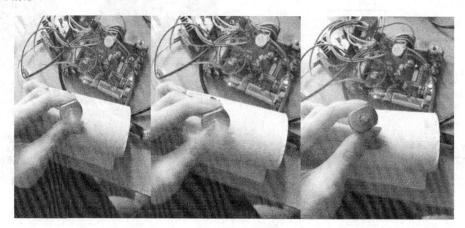

图 7-34   下位机电动机转速控制调试

7.4.7   歌曲切换调试

一边跑步一边听歌已经成了一种边运动边放松心情的方式。本次系统设计中的歌曲播放由用户控制,在用户跑步期间系统不会自动播放。播放歌曲调试如图 7-35 所示,界面的右下角为音乐播放模块,有两个按钮,点击"开始"按钮,歌曲才会播放。

如果用户不喜欢播放的当前歌曲,可以按图 7-36 进行歌曲切换操作,点击"下一曲"按钮,实行歌曲切换功能。如果在这期间不想运行音乐播放功能,可再次点击"开始"按钮,终止歌曲播放命令。

图 7-35　播放歌曲调试　　　　　　图 7-36　歌曲切换调试

对于 MP3 音乐播放模块,系统下位机歌曲播放调试如图 7-37 所示,与点击上位机界面上"开始"按钮运行播放功能相对应,MP3 播放模块下位机上的红灯会亮起,表示其在正常工作,当播放关闭时,红灯灭。

图 7-37　下位机歌曲播放调试

7.5　创意扩展

（1）加入 CO_2 传感器,实现环境空气质量的检测。

（2）上位机加入曲线绘制功能,方便观察温度和心率历史记录。

（3）加入数据库功能,方便数据的存储和查看。

（4）将系统数据上传至云平台,实现云存储和查看。

第8章　智慧城市交通

8.1　任务需求

车联网(internet of vehicles)概念来自物联网(internet of things)，根据行业背景不同，对车联网的定义也不尽相同。传统的车联网定义是指装载在车辆上的电子标签通过无线射频等识别技术，实现在信息网络平台上对所有车辆的属性信息和静、动态信息进行提取和有效利用，并根据不同的功能需求对所有车辆的运行状态进行有效的监管和提供综合服务的系统。

根据车联网产业技术创新战略联盟的定义，车联网是以车内网、车际网和车载移动互联网为基础，按照约定的通信协议和数据交互标准，在车-X(X：车、路、行人及互联网等)之间，进行无线通信和信息交换的大系统网络，是能够实现智能化交通管理、智能动态信息服务和车辆智能化控制的一体化网络，是物联网技术在交通系统领域的典型应用。

在车路通信系统中，使用蜂窝移动通信系统构建一个车联网系统，从而将汽车的相关信息发送到远程数据中心，实现对汽车状态的实时监控。

在本设计中，使用 ALIENTEK(正点原子)推出的 STM32 开发平台和 GPRS 模块，采集发动机温度，通过芯片 A/D 转换后，将其实时数据上传至远程数据中心，系统构架如图 8-1 所示。

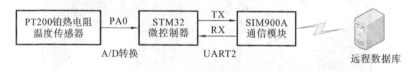

图 8-1　系统构架

在图 8-1 中，温度传感器采用 PT200 铂热电阻温度传感器，该温度传感器检测范围为 $-65\sim821$ ℃，满足汽车发动、尾气排放等各个环节的要求。PT200 铂热电阻温度传感器探头如图 8-2 所示。

该温度探头相当于一个正温度系数的热敏电阻，其中铂热电阻的线性特性为

$$R_{PT}=R_0(1+\alpha T+\beta T^2)$$

式中：T 为测量温度值；$\alpha=3.8285\times10^{-3}$；$\beta=-5.85\times10^{-7}$；$R_0$ 为 0 ℃时该热敏电阻的阻值，即 200 Ω。

该铂热电阻的阻值与温度之间的关系如表 8-1 和图 8-3 所示。

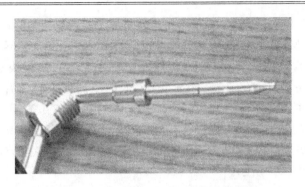

图 8-2　PT200 铂热电阻温度传感器探头

表 8-1　PT200 铂热电阻的阻值与温度之间的关系

阻值/Ω	温度/℃	允许温度偏差/℃
150	−65.0	±2.5
200	0.0	±2.5
250	65.8	±2.5
300	133.2	±2.5
350	202	±2.5
400	272.4	±2.5
450	344.5	±3.1
500	418.4	±3.8
550	498.3	±4.5
600	572.3	±5.2
650	652.6	±5.9
700	735.5	±6.6
750	821.1	±7.4

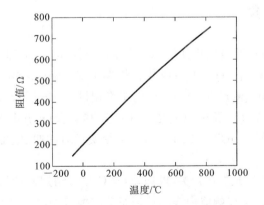

图 8-3　PT200 铂热电阻阻值与温度的关系

ATK-SIM900A 模块是 SIMCOM 希姆通公司的工业级双频 GSM/GPRS 模块,工作频段为双频 900/1800 MHz,可以低功耗实现语音、SMS(short message service,短消息业务,不支持彩信)、GPRS 数据和传真信息的传输。ATK-SIM900A 模块支持 RS232 串口和 LVTTL(low voltage transistor-transistor logic,低电压晶体管晶体管逻辑)串口(即支持 3.3 V/5 V 系统),并带硬件流控制,支持 5~24 V 的超宽工作范围,可以非常方便地与 STM32 等 ARM 微控制器进行连接,从而提供包括语音、短信和 GPRS 数据传输等功能。ATK-SIM900A 模块接口丰富、功能完善,尤其适用于需要语音/短信/GPRS 数据服务的各种领域,其资源图如图 8-4 所示。

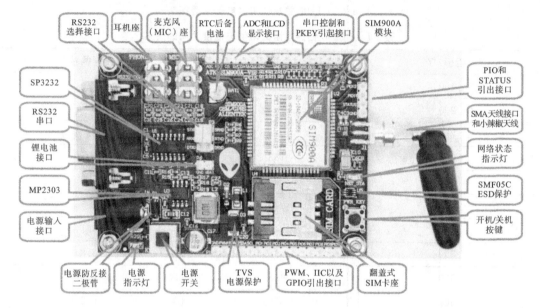

图 8-4 ATK-SIM900A **模块资源图**

从图 8-4 可以看出,ATK-SIM900A 模块带有安装孔位,非常小巧(尺寸(不算天线部分)为 80 mm×58 mm),并且利于安装,可方便应用于各种产品设计。

8.2 AT 指令简介

ATK-SIM900A 移动通信模块使用 AT 指令进行操作。AT 即 attention,AT 指令集是从终端设备(terminal equipment,TE)或数据终端设备(data terminal equipment,DTE)向终端适配器(terminal adapter ,TA)或数据电路终端设备(data circuit terminal equipment,DCE)发送的。通过 TA、TE 发送 AT 指令来控制移动台(mobile station,MS)的功能,与 GSM 网络业务进行交互。用户可以通过 AT 指令实现对呼叫、短信、电话本、数据业务、传真等方面的控制。

AT 指令必须以"AT"或"at"开头,以回车(<CR>)结尾。模块的响应通常紧随其后,格式为:<回车><换行><响应内容><回车><换行>。

通过串口调试助手 SSCOM 来测试一下。打开 SSCOM 软件后,选择正确的 COM 号

（连接到 ATK-SIM900A 模块的 COM 端口,图 8-5 中是 COM3）,然后设置波特率数值为
115200,勾选"发送新行",然后发送 AT 到 ATK-SIM900A 模块,如图 8-5 所示。

图 8-5　AT 指令测试

图 8-5 中,发送了 2 次 AT 指令,第一次看到有乱码,这是因为模块上电后,还没有实
现串口同步,在收到第一次数据(不一定要 AT 指令)后,模块会自动实现串口同步(即自
动识别出了通信波特率),后续通信就不会出现乱码了。因为 ATK-SIM900A 模块具有
自动串口波特率识别功能(波特率数值识别范围:1200～115200),所以计算机(或设备)
可以随便选择一个波特率(数值不超过识别范围即可),来和模块进行通信,这里选择最
快的 115200。

从图 8-5 可以看出,现在已经可以和 ATK-SIM900A 模块进行通信了,通过发送不同的
AT 指令,就可以实现对 ATK-SIM900A 模块的各种控制了。

ATK-SIM900A 模块提供的 AT 指令包含符合 GSM07.05、GSM07.07 和 ITU-T Rec-
ommendation V. 25ter 的指令,以及 SIMCOM 希姆通公司开发的指令。

接下来介绍几个常用的 AT 指令。

1) AT+CPIN?

该指令用于查询 SIM 卡的状态,主要是 PIN(personal identification number,个人识别
号码),如果该指令返回"+CPIN:READY",则表明 SIM 卡状态正常;如果返回其他值,则
有可能是没有 SIM 卡。

2) AT+CSQ

该指令用于查询信号质量,返回 ATK-SIM900A 模块的接收信号强度,如返回"+
CSQ:24,0",则表示信号强度值是 24(最大有效值是 31)。如果信号强度过低,则要检查天

线是否接好。

3）AT＋COPS?

该指令用于查询当前运营商,该指令只有在连上网络后,才返回运营商,否则返回空,如返回"＋COPS:0,0,"CHINA MOBILE"",表示当前选择的运营商是中国移动。

4）AT＋CGMI

该指令用于查询模块制造商,如返回"SIMCOM_Ltd",说明 ATK-SIM900A 模块是 SIMCOM 希姆通公司生产的。

5）AT＋CGMM

该指令用于查询模块型号,如返回"SIMCOM_SIM900A",说明模块型号是 SIM900A。

6）AT＋CGSN

该指令用于查询产品序列号(即 IMEI 号),每个模块的 IMEI 号都是不一样的,具有全球唯一性,如返回"869988012018905",说明模块的产品序列号是:869988012018905。

7）AT＋CNUM

该指令用于查询本机号码,必须在 SIM 卡在位的时候才可查询,如返回"＋CNUM: "","15902020353",129,7,4",则表明本机号码为:15902020353。另外,不是所有的 SIM 卡都支持这个指令,有个别 SIM 卡无法通过此指令得到其号码。

发送给模块的指令,如果执行成功,则会返回对应信息和"OK",如果执行失败或指令无效,则会返回"ERROR"。

ATK-SIM900A 模块内嵌了 TCP/IP 协议,通过该模块,可以很方便地进行 GPRS 数据通信。本任务将实现模块与计算机的 TCP 和 UDP 数据传输。将要用到的指令有 AT＋CGCLASS、AT＋CGDCONT、AT＋CGATT、AT＋CIPCSGP、AT＋CIPHEAD、AT＋CLPORT、AT＋CIPSTART、AT＋CIPSEN、AT＋CIPSTATUS、AT＋CIPCLOSE、AT＋CIPSHUT 这 11 条 AT 指令。

上面 11 条 AT 指令的作用分别简介如下。

AT＋CGCLASS,用于设置移动台类别。ATK-SIM900A 模块仅支持类别 B 和 CC,发送"AT＋CGCLASS="B"",表示设置移动台类别为 B。即,该模块支持包交换和电路交换模式,但不能同时支持。

AT＋CGDCONT,用于设置 PDP(packet data protocol,分组数据协议)上下文。发送"AT＋CGDCONT=1,"IP","CMNET"",表示设置 PDP 上下文标志为 1,采用互联网协议(IP),接入点为 CMNET。

AT＋CGATT,用于设置为附着或分离 GPRS 业务。发送"AT＋CGATT=1",表示附着 GPRS 业务。

AT＋CIPCSGP,用于设置为 CSD(电路交换数据)或 GPRS 连接模式。发送"AT＋CIPCSGP=1, "CMNET"",表示设置为 GPRS 连接模式,接入点为 CMNET。

AT＋CIPHEAD,用于设置接收数据是否显示 IP 头。发送"AT＋CIPHEAD=1",即设置显示 IP 头,在收到 TCP/UDP 数据的时候,会在数据之前添加相应内容,如"＋IPD: 28",表示该数据是 TCP/UDP 数据,数据长度为 28 字节。通过这个 IP 头,可以很方便地在程序上区分数据来源。

AT+CLPORT,用于设置本地端口号。发送"AT+CLPORT="TCP","8888"",即设置 TCP 连接的本地端口号为 8888。

AT+CIPSTART,用于建立 TCP 连接或注册 UDP 端口号。发送"AT+CIPSTART="TCP","113.111.214.69","8086"",模块将建立一个 TCP 连接,连接目标地址为 113.111.214.69,连接端口为 8086,连接成功会返回"CONNECT OK"。

AT+CIPSEND,用于发送数据。在连接成功以后发送"AT+CIPSEND",模块返回">",此时可以输入要发送的数据,最大可以一次发送 1352 字节,数据输入完后,同发短信一样,输入十六进制的"1A(0X1A)",启动发送数据功能。在数据发送完成后,模块返回"SEND OK",表示发送成功。

AT+CIPSTATUS,用于查询当前连接状态。发送"AT+CIPSTATUS",模块即返回当前连接状态。

AT+CIPCLOSE,用于关闭 TCP/UDP 连接。发送"AT+CIPCLOSE=1",即可快速关闭当前 TCP/UDP 连接。

AT+CIPSHUT,用于关闭移动场景。发送"AT+SHUT",则可以关闭移动场景,关闭场景后连接状态为 IP INITIAL,可以通过发送"AT+CIPSTATUS"查询。另外,在连接建立后,如果收到"+PDP:DEACT",则必须发送"AT+CIPSHUT",关闭场景后,才能实现重连。

需注意的是,要实现模块与远程终端的 GPRS 通信,需要确保所用远程通信端口具有公网 IP,否则无法实现通信。

8.3　车内温度检测

由于 PT200 铂热电阻的阻值随着温度的上升而增加,因此,设计一分压电路,将温度变化转换为电压变化,该电压值随后通过 STM32 微控制器的 A/D 转换模型得以检测,检测到电压值后,在芯片内部进行处理,根据温度与阻值的对应关系,将电压值转换为相应的阻值。分压电路设计如图 8-6 所示。

在图 8-6 所示分压电路中,铂热电阻(图 8-6 中标注为 PT200)串联一个高精度的 1 kΩ 电阻(图 8-6 中标注为 R1),由于 STM32 微控制器 A/D 转换所能接受的最大电压值为 3.3 V,因此整个分压电路通过 3.3 V 电压进行分压,分压值直接通过 PA0 端口进行检测。假设目前环境温度为 0 ℃,则该铂热电阻的阻值为 200 Ω,此时 STM32 微控制器的 A/D 转换端口 PA0 检测到的模拟电压值应为

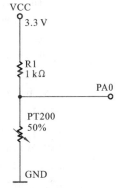

图 8-6　PT200 铂热电阻分压电路设计

$$V_{\text{PA0}} = \text{VCC} \frac{R_{\text{PT200}}}{R_{\text{PT200}} + R1} = 3.3 \text{ V} \times \frac{200 \text{ Ω}}{200 \text{ Ω} + 1 \text{ kΩ}} = 0.55 \text{ V}$$

因此,STM32 微控制器端口 PA0 处的模拟电压值与温度的关系如图 8-7 所示。

由图 8-7 可以看到,PA0 检测到的电压值与温度成非线性关系,因而在检测到电压值进

行相应温度转换时,应当通过线性折线段来近似两者之间的非线性关系。

A/D转换使用了 STM32 微控制器内置的模块 ADC1,该模块在初始化过程中的流程如图 8-8 所示。

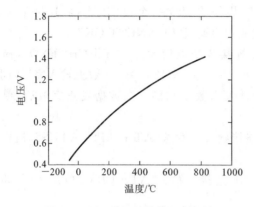

图 8-7   PA0 端口处的模拟电压值
与温度的关系

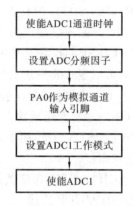

图 8-8   ADC1 模块初始化

因为 ADC1 的时钟是挂在 APB2 总线上的,所以其时钟使能用到了 APB2 总线时钟(RCC_APB2Periph_ADC1),同时使能 GPIOA 的时钟(RCC_APB2Periph_GPIOA);接下来设置 ADC 的分频因子;随后配置 A/D 转换端口 PA0,这里选择 I/O 管脚 0(GPIO_Pin_0)及模拟输入引脚(GPIO_Mode_AIN),函数 GPIO_Init()用来实现 PA0 端口配置;最后设置 ADC 的工作模式,分别为独立模式(ADC_Mode_Independent)、单通道、软件启动(ADC_ExternalTrigConv_None)和初始化外设 ADCx 的寄存器(ADC_Init())。函数 ADC_Cmd()用于使能 STM32 微控制器内置的 ADC1 模块。

其初始化函数代码如下所示。

```
void Adc_Init(void)
{
    ADC_InitTypeDef ADC_InitStructure;
    GPIO_InitTypeDef GPIO_InitStructure;
    RCC_APB2PeriphClockCmd(RCC_APB2Periph_GPIOA |RCC_APB2Periph_ADC1, ENABLE);
    //使能 ADC1 通道时钟
    RCC_ADCCLKConfig(RCC_PCLK2_Div6);          //设置 ADC 分频因子 6  72M/6= 12M
    //PA0 作为模拟通道输入引脚
    GPIO_InitStructure.GPIO_Pin = GPIO_Pin_0;
    GPIO_InitStructure.GPIO_Mode = GPIO_Mode_AIN;     //模拟输入引脚
    GPIO_Init(GPIOA, &GPIO_InitStructure);
    ADC_DeInit(ADC1);      //复位 ADC1,将外设 ADC1 的全部寄存器重设为缺省值
    ADC_InitStructure.ADC_Mode = ADC_Mode_Independent;
//设置 ADC1 工作在独立模式
    ADC_InitStructure.ADC_ScanConvMode = DISABLE;
//模数转换工作在单通道模式
    ADC_InitStructure.ADC_ContinuousConvMode = DISABLE;
```

```
//模数转换工作在单次转换模式
    ADC_InitStructure.ADC_ExternalTrigConv = ADC_ExternalTrigConv_None;
//转换由软件启动
    ADC_InitStructure.ADC_DataAlign = ADC_DataAlign_Right;    //ADC 数据右对齐
    ADC_InitStructure.ADC_NbrOfChannel = 1;              //顺序进行规则转换的 ADC 通
                                                            道的数目
    ADC_Init(ADC1, &ADC_InitStructure);                 //初始化外设 ADCx 的寄存器
    ADC_Cmd(ADC1, ENABLE);                              //使能指定的 ADC1
    ADC_ResetCalibration(ADC1);                         //使能复位校准
    while(ADC_GetResetCalibrationStatus(ADC1));         //等待复位校准结束
    ADC_StartCalibration(ADC1);                         //开启 AD 校准
    while(ADC_GetCalibrationStatus(ADC1));              //等待校准结束
}
```

为了将电阻值转换为电压值,根据表 8-1 所示阻值与温度的对应关系,通过折线段近似的方法拟合电压与温度之间的转换,方案如图 8-9 所示。

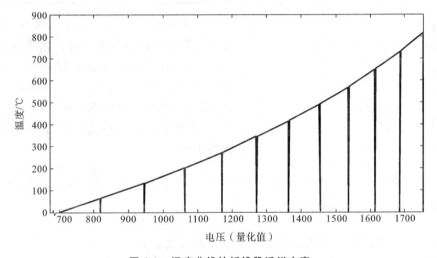

图 8-9　温度曲线的折线段近似方案

在图 8-9 中,横坐标为 A/D 转换后的量化值。对于 STM32 微控制器 A/D 转换模块来说,其可以检测的模拟电压值的范围是 0~3.3 V,对应的 A/D 量化值范围为 0~4096,在本任务的实际设计中,由于 PT200 铂热电阻传感器可以检测到最高温度为 821.1 ℃,此时 PT200 铂热电阻的阻值为 750 Ω,因此根据分压电路设计,此时对应的模拟电压值为

$$V_{PA0} = 3.3 \text{ V} \times \frac{750 \text{ Ω}}{750 \text{ Ω} + 1000 \text{ Ω}} \approx 1.414 \text{ V}$$

相应的 A/D 量化值为

$$ADCx = 4096 \times \frac{1.414 \text{ V}}{3.3 \text{ V}} \approx 1755(量化单位)$$

因此,考虑到实际情况,假定检测的温度范围为 0~821.1 ℃,把温度与电压之间的非线性曲线分成 11 段线性的直线段,具体近似方案如表 8-2 所示。

表 8-2　PT200 铂热电阻温度-电压转换非线性曲线的折线段近似方案

折线段序号	PT200 铂热电阻阻值/Ω	电压值/V	A/D 量化值	对应的温度/℃
1	750～700	1.414～1.358	1755～1686	821.1～735.5
2	700～650	1.358～1.299	1686～1613	735.5～652.6
3	650～600	1.299～1.237	1613～1536	652.6～572.3
4	600～550	1.237～1.170	1536～1453	572.3～494.3
5	550～500	1.170～1.099	1453～1365	494.3～418.4
6	500～450	1.099～1.024	1365～1271	418.4～344.5
7	450～400	1.024～0.942	1271～1170	344.5～272.4
8	400～350	0.942～0.854	1170～1061	272.4～202
9	350～300	0.854～0.761	1061～945	202～133.2
10	300～250	0.761～0.659	945～819	133.2～65.8
11	250～200	0.659～0.549	819～682	65.8～0

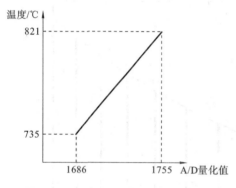

图 8-10　温度-A/D 量化值近似关系

在表 8-2 中,以第 1 段为例来计算 A/D 量化值与温度之间的转换关系。由于在这段折线段上,A/D 量化值的范围是 1755～1686,对应的温度范围是 821.1～735.5 ℃,从图 8-10 可以看到:折线段斜率 k 的计算公式为(这里为了计算方便,温度值舍去了小数部分,且结果直接取前两位小数)

$$k = \frac{温度上限-温度下限}{A/D\ 量化值上限-A/D\ 量化值下限}$$
$$= \frac{821-735}{1755-1686} \approx 1.24$$

因此,对于该折线段,温度与 A/D 量化值之间的关系为

$$温度-735 = 1.24 \times (A/D\ 量化值-1686)$$

经整理,可得:

$$温度 = 735 + 1.24 \times (A/D\ 量化值-1686)$$

对于其余折线段,A/D 量化值与温度之间的换算公式如表 8-3 所示。

表 8-3　PT200 铂热电阻温度与 A/D 量化值之间的换算公式

折线段序号	A/D 量化值	对应的温度/℃	折线段斜率	换算公式
1	1755～1686	821.1～735.5	1.24	温度=735+1.24×(ADCx−1686)
2	1686～1613	735.5～652.6	1.13	温度 =652+1.13×(ADCx−1613)
3	1613～1536	652.6～572.3	1.03	温度 =572+1.03×(ADCx−1536)
4	1536～1453	572.3～494.3	0.93	温度 =494+0.93×(ADCx−1453)
5	1453～1365	494.3～418.4	0.86	温度 =418+0.86×(ADCx−1365)

续表

折线段序号	A/D 量化值	对应的温度/℃	折线段斜率	换算公式
6	1365～1271	418.4～344.5	0.78	温度 ＝344＋0.78×(ADCx－1271)
7	1271～1170	344.5～272.4	0.71	温度 ＝272＋0.71×(ADCx－1170)
8	1170～1061	272.4～202	0.64	温度 ＝202＋0.64×(ADCx－1061)
9	1061～945	202～133.2	0.59	温度 ＝133＋0.59×(ADCx－945)
10	945～819	133.2～65.8	0.53	温度 ＝65.8＋0.53×(ADCx－819)
11	819～682	65.8～0	0.47	温度 ＝0＋0.47×(ADCx－682)

注:表中折线段斜率直接保留两位小数,未做四舍五入处理。

具体代码如下所示。

```
adcx= Get_Adc_Average1(ADC_Channel_0,10);         //读取 AD 转换值
//根据分压电路,将电压值转换为电阻值
if(adcx1> 1755)temp1= 830;
    else if(adcx<=1755&&adcx> 1686) temperature=735+ 1.24* (adcx-1686);
    else if(adcx<=1686&&adcx> 1613) temperature=652+ 1.13* (adcx-1613);
    else if(adcx<=1613&&adcx> 1536) temperature=572+ 1.03* (adcx-1536);
    else if(adcx<=1536&&adcx> 1453) temperature=494+ 0.93* (adcx-1453);
    else if(adcx<=1453&&adcx> 1365) temperature=418+ 0.86* (adcx-1365);
    else if(adcx<=1365&&adcx> 1271) temperature=344+ 0.78* (adcx-1271);
    else if(adcx<=1271&&adcx> 1170) temperature=272+ 0.71* (adcx-1170);
    else if(adcx<=1170&&adcx> 1061) temperature=202+ 0.64* (adcx-1061);
    else if(adcx<=1061&&adcx> 945) temperature=133+ 0.59* (adcx-945);
    else if(adcx<=945&&adcx> 819)  temperature=65.8+ 0.53* (adcx-819);
    else if(adcx<=819&&adcx> 682)  temperature=0+ 0.47* (adcx-682);
    else temperature=0;
```

上述代码中,temperature 为存放温度数据的变量,adcx 为存放 A/D 量化值的变量。在读取 A/D 量化值后,根据先前计算的公式得到温度与 A/D 量化值之间的关系。

8.4 GPRS 数据通信

ATK-SIM900A 模块所有的控制信息与数据,都是通过串口来传输的,因此要实现 STM32 开发板与模块的连接,只需要连接相应的串口即可(需要共地)。STM32 开发板与 ATK-SIM900A 模块的连接关系如表 8-4 所示。

表 8-4 ATK-SIM900A 模块同 STM32 连接关系

ATK-SIM900A 模块	GND	STXD	SRXD
ALIENTEK STM32 开发板	GND	PA3	PA2

从表 8-4 可以看出,ATK-SIM900A 模块与 STM32 开发板的连接是非常简单的,三根线就可以解决问题。不过需要注意的是:ATK-SIM900A 模块推荐由单独的电源供电(推荐 12 V/1 A 电源),STM32 开发板则可以通过 USB 插上计算机供电,ATK-SIM900A 模块和 STM32 开发板之间要共地。由于 GPRS 数据发送时对供电要求较高,因此,必须确保 ATK-SIM900A 模块供电电流充足,若供电达不到要求,则可能会导致通信模块数据无法顺利发送出去。

使用之前长按 ATK-SIM900A 模块中的 PWR_KEY 按键 1~3 s,实现 ATK-SIM900A 模块的手动开机,直到红灯 NET_STA 闪烁,先是快闪(1 s/次),表明还没注册到网络,然后在注册到网络之后,NET_STA 慢闪(3 s/次)。这个过程需要数秒至数十秒不等。为了实现温度数据的远程传输,使用 ATK-SIM900A 模块中的 GPRS 数据通信功能,该功能通过函数 sim900a_tcpudp_test()实现,具体工作流程如图 8-11 所示。

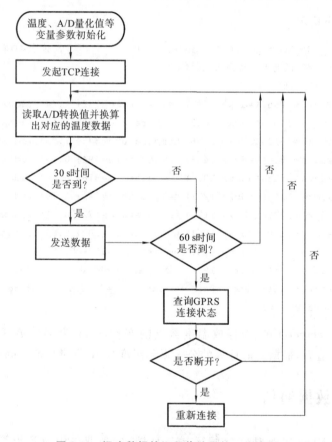

图 8-11 温度数据的远程传输具体工作流程

该系统每 30 s 向远程通信端发送一次数据,每 60 s 查询当前网络的连接状态,若网络断开,则重新发起 GPRS 连接。流程中的计时通过 STM32 微控制器中的通用定时器 2 实现。流程具体代码如下。

```
void sim900a_tcpudp_test(u8 mode,u8* ipaddr,u8* port)
{
```

```
    u16 adcx1;                              //定义 A/D 量化值
    u16 temp1;                              //定义温度变量
    u8 * p,* p1;
    u8 connectsta= 0;                       //0,正在连接;1,连接成功;2,连接关闭;
    p= mymalloc(100);                       //申请 100 字节内存
    p1= mymalloc(100);                      //申请 100 字节内存
    sprintf((char* )p,"IP 地址:% s 端口:% s",ipaddr,port);
    USART2_RX_STA= 0;                       //串口工作状态
    sprintf((char* )p,"AT+ CIPSTART= \"% s\",\"% s\",\"% s\"",modetbl[mode],
    ipaddr,port);
    if(sim900a_send_cmd(p,"OK",500))return;//发起连接
    while(1)
    {
        adcx1= Get_Adc_Average1(ADC_Channel_0,10);
        if(adcx1> 1755)temp1= 830;
            ……
            else temp1= 0;

        if(gprs_cnt= = 30)                  //每 30 秒发送一次数据
            {
                sim900a_send_cmd("AT+ CIPSEND","> ",500);   //发送数据
                sprintf((char* )p1,"{model:\"wd\",code:3,temp:% d}",temp1);
                u2_printf("% s\r\n",p1);
                delay_ms(10);
                gprs_cnt= 0;
                delay_ms(10);
            }
                if(net_cnt = = 60)          //每 60 秒查询一次 CIPSTATUS
            {
                sim900a_send_cmd("AT+ CIPSTATUS ","OK",100);   //查询当前连接状态
                if(strstr((const char* )USART2_RX_BUF,"CLOSED"))connectsta= 2;
                if(strstr((const char* )USART2_RX_BUF,"CONNECT OK"))connectsta= 1;
            if(connectsta= = 2)             //连接中断了,则重新连接
              {
                sim900a_send_cmd("AT+ CIPCLOSE= 1","CLOSE OK",100);
//关闭 TCP/UDP 连接
                sim900a_send_cmd("AT+ CIPSHUT","SHUT OK",100);
//关闭移动场景
                    sim900a_send_cmd(p,"OK",100);
//尝试重新连接
              }
                net_cnt = 0;
            }
            delay_ms(10);
```

```
        }
```

在上述代码中,用得较多的函数是:u8   sim900a_send_cmd(u8   * cmd,u8   * ack,
u16   waittime)。该函数用于向 ATK-SIM900A 模块发送命令。其中,cmd 为命令字符串,
当"cmd＜=0XFF"的时候,则直接发送 cmd;ack 为期待应答字符串;waittime 为等待时间
(单位:10 ms)。

在上述代码中,ipaddr 和 port 分别是目标 IP 地址及其端口号;mode 为 0 的时候进行
TCP 测试,mode 为 1 的时候进行 UDP 测试。sim900a_tcpudp_test()函数在连接成功后,
就可以实现和目标 IP 地址进行 TCP/UDP 数据通信,收到的数据会显示在 LCD 屏幕上。

main 函数代码如下。

```
int main(void)
{
    const u8 * port= "8006";                      //端口固定为 8006
    u8 mode= 0;                                    //0,TCP 连接;1,UDP 连接
    u8 ipbuf[16] = {"120.055.089.095"};           //目标 IP 地址
    delay_init();                                  //延时函数初始化
    NVIC_PriorityGroupConfig(NVIC_PriorityGroup_2);  //设置 NVIC 中断分组 2,2
                                                     位抢占优先级,2 位响应
                                                     优先级
    uart_init(9600);                              //串口初始化为 9600
    USART2_Init(115200);                          //初始化串口 2
    Adc_Init();                                    //ADC 初始化
    mem_init();                                    //初始化内存池
    exfuns_init();                                 //为相关变量申请内存
    f_mount(fs[1],"1:",1);                        //挂载 flash
    font_init();
    EXTIX_Init();                                  //外部中断初始化
    TIM3_Int_Init(10000,7199);                    //10kHz 的计数频率,计数到 5000 为 500ms
    LCD_Init();                                    //液晶屏初始化
    sim900a_send_cmd("AT+ CIPCLOSE= 1","CLOSE OK",100);   //关闭 TCP/UDP 连接
    sim900a_send_cmd("AT+ CIPSHUT","SHUT OK",100);        //关闭移动场景
    while(1)
    {
    if(sim900a_send_cmd("AT+ CGCLASS= \"B\"","","OK",1000))continue;
//设置 GPRS 移动台类别为 B,支持包交换和数据交换
    if(sim900a_send_cmd("AT+ CGDCONT= 1,\"IP\",\"CMNET\"","OK",1000))continue;
//设置 PDP 上下文、互联网协议、接入点等信息
    if(sim900a_send_cmd("AT+ CGATT= 1","OK",500))continue;
//附着 GPRS 业务
    if(sim900a_send_cmd("AT+ CIPCSGP= 1,\"CMNET\"","OK",500))continue;
//设置为 GPRS 连接模式
    if(sim900a_send_cmd("AT+ CIPHEAD= 1","OK",500))continue;
    //设置接收数据显示 IP 头(方便判断数据来源)
```

```
    while(1)
    {
        sim900a_tcpudp_test(mode,ipbuf,(u8* )port);
        delay_ms(10);
    }
}
```

　　此部分代码比较简单,由于本设计用到了触摸屏、12×12 字体、16×16 字体,以及 Unicode 与 GBK(汉字国标扩展码)转换码表,因此在 main 函数里面加入了触摸屏校准函数 LCD_Init()及字库更新函数 font_init()。在启动的时候,按下 KEY0,可以进入触摸屏强制校准;按下 KEY1,可以强制进行字库更新。

　　最后,通过调用函数 sim900a_tcpudp_test(),进入 ATK-SIM900A 模块的主测试程序,开始对 ATK-SIM900A 模块的各项功能进行测试(拨号测试、短信测试、GPRS 测试)。

8.5　系统验证

　　试验之前请先确保硬件都已经连接好了:
　　(1) 给 ATK-SIM900A 模块装上 SIM 卡;
　　(2) 连接 ATK-SIM900A 模块与 ALIENTEK STM32 开发板(连接方式见表 8-4);
　　(3) 给 ATK-SIM900A 模块上电(按 KEY1,蓝色电源指示灯亮);
　　(4) ATK-SIM900A 模块开机(长按 PWR_KEY 键,NET_STA 指示灯闪烁)。

　　本任务以 ALIENTEK STM32 开发板为平台进行测试,LCD 屏幕显示如图 8-12 所示。

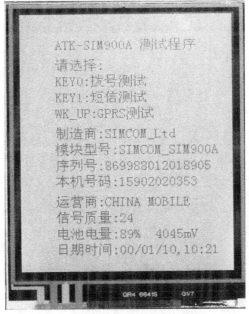

图 8-12　本任务测试 LCD 屏幕显示

可以看到,LCD 屏幕上面显示了:制造商、模块型号、序列号、本机号码、运营商、信号质量、电池电量,以及日期时间等信息(注意,如果是 MiniSTM32 开发板用户,则需要先插入 SD 卡(安全数字存储卡)更新字库)。通过 KEY0/KEY1/WK_UP 这三个按键,即可选择不同的测试项目进行测试。

8.6　创意扩展

(1) 如何实现汽车尾气排放量的检测?

(2) 车联网还可以加入什么功能?

微课视频　任务源代码

第9章　物联网数据可视化

从目前的数据可视化水平来看,可视化技术已经比较成熟,诸多领域都看好数据可视化的未来发展趋势,包括对于大数据的扩散、大数据改善用户体验、预测分析绘图、云数据分析、物联网数据可视化等。可以确定的是,数据可视化技术会越来越成熟。无论是在计算机时代还是物联网时代,人们都脱离不了数据分析结果和数据绘图。数据给人们带来最真实的结果,而图像给人们带来的是最直观的表达和理解。

9.1　任务需求

本次基于云平台的数据采集可视化设计需要实现以下功能:

(1)利用 Keil5 软件编写代码,使用温度传感器 DS18B20 检测当前环境温度,并将温度显示在 ALIENTEK MiniSTM32 开发板上的 TFT-LCD 屏幕上,同时确认检测的温度值是实时变化的;

(2)利用 Keil5 软件编写代码,使用 WiFi 模块 ESP8266,并连接到路由器上,修改其中 SSID(service set identifier,服务集标识符)号及模式端口、设备 ID、APIKEY,并利用 EDP 协议推送数据到中国移动物联网开发平台 OneNET 上;

(3)在 OneNET 云平台上,利用实时变化的温度数据推送,绘制图表以显示实时温度,并设置向 MiniSTM32 开发板发送数据的配置;

(4)MiniSTM32 开发板接收到来自云平台的数据指令,LED 灯做出相应的指示,提醒用户衣着和出行情况。

根据所需要实现的功能,对应相应的各个模块,系统整体硬件架构如图 9-1 所示。

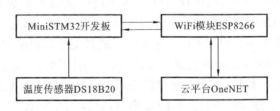

图 9-1　系统整体硬件架构

首先由温度传感器 DS18B20 接收环境温度,由 MiniSTM32 开发板接收温度数据并显示在 TFT-LCD 屏幕上。若未接收到数据则初始化程序,接收到数据之后由 WiFi 模块将该数据发送至路由器(WiFi 模块在一定时间间隔内一直发送温度数据到路由器),然后云平台通过路由器接收到一定时间间隔的温度数据,绘制成图表,再通过判断温度数值的高低并对MiniSTM32 开发板发出指令,MiniSTM32 开发板通过 WiFi 模块接收到来自云平台发送给路由器的指令数据,判断接收到的指令数据并控制 LED 灯翻转。系统整体软件设计流程如图 9-2 所示。

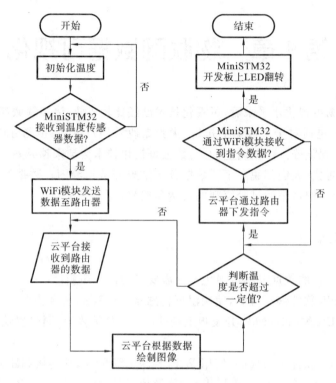

图 9-2   系统整体软件设计流程

9.2   硬件设计

9.2.1   ATK-ESP8266 WiFi 模块

ATK-ESP8266 WiFi 模块是 ALIENTEK 推出的一款高性能的 UART-WiFi 模块,板载 Ai-Thinker 公司的 ESP8266 模块。ATK-ESP8266 WiFi 模块(后简称 ATK-ESP8266 模块或 ESP8266 模块)采用串口(LVTTL)与 MCU(或其他串口设备)通信,内置 TCP/IP 协议栈,能够实现串口与 WiFi 之间的转接。该模块的原理图如图 9-3 所示。

通过 ATK-ESP8266 模块,传统的串口设备只需要简单的串口配置,就可以通过网络即 WiFi 传输自己的数据。该模块支持 LVTTL 串口,兼容 3.3 V 和 5 V 的单片机系统,可以方便快捷和使用产品连接,模块支持串口转 WiFi STA(终端)、串口转 AP(网络的中心节点)和 WiFi STA＋WiFi AP 的模式,从而快速构建传输数据方案。ATK-ESP8266 模块非常小巧,模块通过 6 个 2.54 mm 间距的排针与外部连接。

ATK-ESP8266 模块中含 GND、TXD、RXD、RST 和 IO_0 引脚。其中,RXD 和 TXD 分

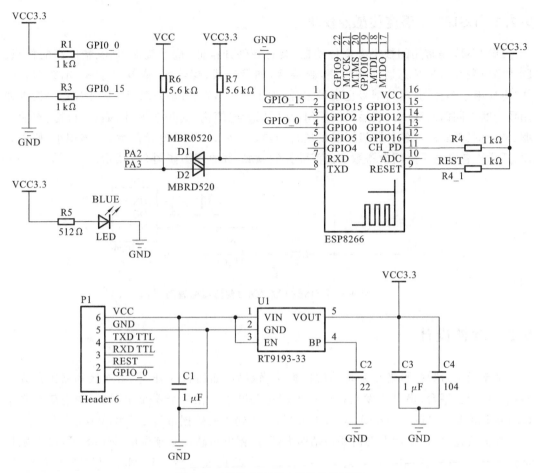

图 9-3　ATK-ESP8266 模块的原理图

别是 ATK-ESP8266 模块的串口接收和发送引脚,模块控制和数据传输都是通过这两个引脚实现。串口、WiFi 模块之间的数据传输连接图如图 9-4 所示。

USB转TTL或者开发板	VCC 3.3~5 V	VCC	ATK-ESP8266
	GND	GND	
	RXD	TXD	
	TXD	RXD	

图 9-4　串口、WiFi 模块之间的数据传输连接图

　　ATK-ESP8266 模块包含 3 种工作模式,在此就不一一介绍,主要介绍本次设计应用到的 STA 模式。串口无线 STA(COM-STA)模式中,ATK-ESP8266 模块作为无线 WiFi STA,用于连接到无线网络,实现串口与其他设备之间的无线数据转换、互传。该模式下,根据应用场景的不同,可以设置 3 个子模式:TCP 服务器、TCP 客户端、UDP。ATK-ESP8266 模块通过路由器连接到互联网,利用手机或计算机通过互联网即可实现对设备的远程控制。

9.2.2 DS18B20 温度传感器模块

DS18B20 是常用的数字温度传感器,具有硬件开销低、抗干扰能力强、精度高的特点。DS18B20 数字温度传感器接线方便,封装后(如管道式、螺纹式、磁铁吸附式、不锈钢封装式)可应用于多种场合,其型号也多种多样,如 LTM8877、LTM8874 等,其外观主要根据使用场合的不同而改变。封装后的 DS18B20 可用于电缆沟、高炉水循环、锅炉、机房、农业大棚、洁净室、弹药库等各种非极限温度场合测温。另外,DS18B20 耐磨耐碰、体积小、使用方便,适用于各种狭小空间设备数字测温和控制领域,其原理图如图 9-5 所示。

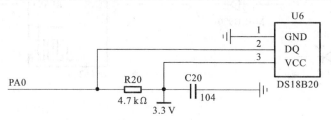

图 9-5 DS18B20 数字温度传感器原理图

9.3 软件设计

基于云平台数据可视化系统的硬件模块确定后,如何将 WiFi 模块连接到路由器并将数据上传到云平台,串口收发数据的处理就是关键了。在整个系统中,控制中心就是基于 Cortex-M3 系统内核的 MiniSTM32 开发板,对于输入的数据进行处理和 WiFi 传输。

综上所述,软件设计方案需要包括四大部分:温度传感器采集温度、MiniSTM32 开发板通过 WiFi 模块传送温度数据、云平台接收数据并反向发送指令到 MiniSTM32 开发板,以及利用 LED 灯提醒用户出行。

9.3.1 温度传感器采集温度数据

1. 温度读取流程

温度传感器 DS18B20 的典型温度读取过程为:复位→发送 SKIP ROM 命令(0XCC)→发送开始转换命令(0X44)→延时→复位→发送 SKIP ROM 命令(0XCC)→发送读存储器命令(0XBE)→连续读出两个字节数据(即温度)→结束。具体流程如图 9-6 所示。

2. 温度存储和显示

利用 Keil5 编写程序,将温度传感器 DS18B20 采集的温度值进行存储,并显示在 LCD 屏幕上。温度存储和显示流程如图 9-7 所示。

9.3.2 MiniSTM32 开发板通过 WiFi 模块传送温度数据

1. WiFi 配置连接路由器

要将 ATK-ESP8266WiFi 模块连接到路由器,需要对其自身进行配置,即设置输入路由器端的 SSID 号及密码,并通过串口助手进行连接,如图 9-8 所示。

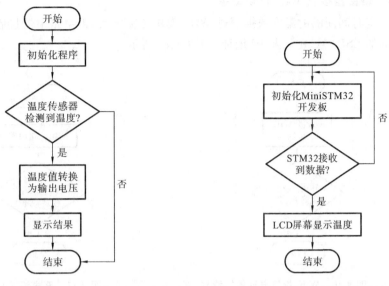

图 9-6　温度传感器 DS18B20 的典型温度读取流程　　图 9-7　温度存储和显示流程

2. MiniSTM32 开发板发送温度数据到 WiFi 模块

ATK-ESP8266 WiFi 模块配置好 IP 地址、SSID 号和密码之后，由 MiniSTM32 开发板向 WiFi 模块传送数据，流程如图 9-9 所示。

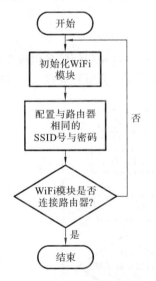

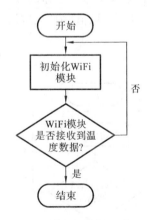

图 9-8　配置 WiFi 模块流程　　　　图 9-9　WiFi 模块接收数据流程

3. WiFi 模块上传温度数据到路由器

通过 MiniSTM32 开发板识别温度传感器 DS18B20，且温度数据显示在 LCD 屏幕上之后，由配置好 SSID 号和密码的 WiFi 模块将温度数据发送至路由器，路由器暂时储存温度数据。WiFi 模块发送数据流程如图 9-10 所示。

4. 路由器接收 WiFi 模块数据

一定时间间隔的温度数据通过 WiFi 模块传输之后,再由路由器接收,路由器必须设置为相同的 SSID 号、密码及 IP 地址,如图 9-11 所示。

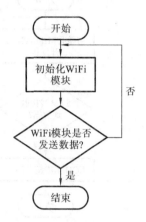

图 9-10 WiFi 模块发送数据流程

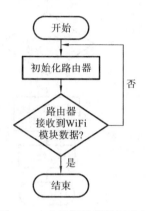

图 9-11 路由器接收数据流程

9.3.3 云平台收发数据

1. 云平台接收数据

路由器将温度数据上传到云平台 OneNET。云平台接收到一定时间间隔的数据之后,对其进行可视化,构成图像模式,流程如图 9-12 所示。

2. 云平台分析并发送数据

云平台接收到来自路由器的数据之后,绘制成图表,对一定时间间隔的温度数据进行判断,如温度超过一定数值,则发出报警指令并传到路由器。该部分流程如图 9-13 所示。

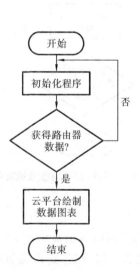

图 9-12 云平台接收数据流程

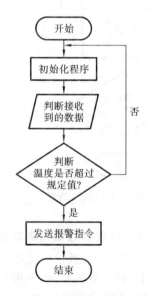

图 9-13 云平台分析数据流程

3. 路由器接收云平台指令

判断温度超过规定数值之后,云平台在同一 IP 地址下发送报警指令到路由器,路由器接收该指令,如图 9-14 所示。

4. WiFi 模块接收路由器指令

在同一 SSID 号和密码下,云平台通过路由器发送报警指令,ATK-ESP8266 WiFi 模块接收到来自路由器的报警指令,如图 9-15 所示。

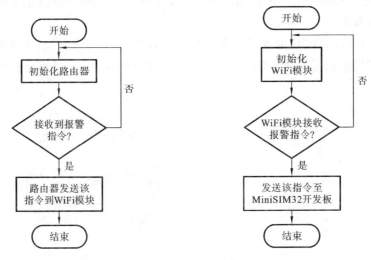

图 9-14 路由器接收报警指令流程   图 9-15 WiFi 模块接收指令流程

9.3.4 LED 灯提醒用户出行

在 WiFi 模块接收到报警指令并上传给 MiniSTM32 开发板之后,开发板对该报警指令分析:若达到并超过一定温度,LED 灯翻转,红灯亮起,提醒用户的出行和穿着;若未达到或超过一定温度,LED 灯不做任何变化,直接结束,为用户出行提供方便。该部分流程如图 9-16 所示。

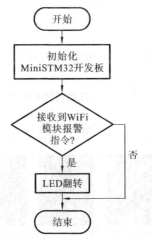

图 9-16 LED 灯提醒用户出行流程

9.4 系统演示与调试

基于云平台的数据采集可视化系统调试包括软件调试和硬件调试两个部分。

9.4.1 软件调试

软件调试涉及 OneNET 云平台、串口调试助手 XCOM 及 Keil5 软件程序的调试。

1. 云平台调试

云平台完成接收温度数据并下发指令操作。如图 9-17 所示,右边表盘即温度数值显示,左边两个按键分别控制 MiniSTM32 开发板上 LED0、LED1,其可视化温度如图 9-18 和图 9-19 所示。

图 9-17 云平台测试

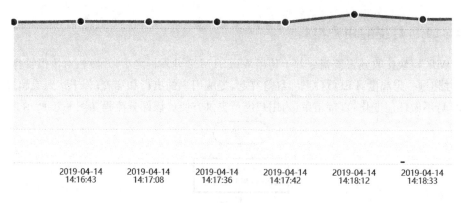

图 9-18 温度曲线可视化

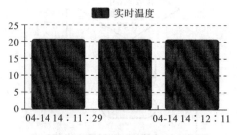

图 9-19 温度柱形可视化

2. 串口调试助手 XCOM 调试

串口调试助手主要用于调试 ATK-ESP8266 WiFi 模块。根据设计需要和模块用户手册，需要将 ATK-ESP8266 WiFi 模块调配成 TCP-STA 模式。利用串口助手及微信软件将 ATK-ESP8266 WiFi 模块配置成 AirKiss 模式(一种信息传递模式)的指令如下：

```
AT+ RESTORE              //恢复出厂设置
AT+ CWMODE= 1            //设置模块为 STA 模式
AT+ CWSTARTSMART= 2      //设置模块为 AirKiss 模式
```

配置成功后利用串口调试助手发送指令 AT＋CIFSR，获取 WiFi 模块连接路由器的 MAC 和 IP 地址，如图 9-20 所示。

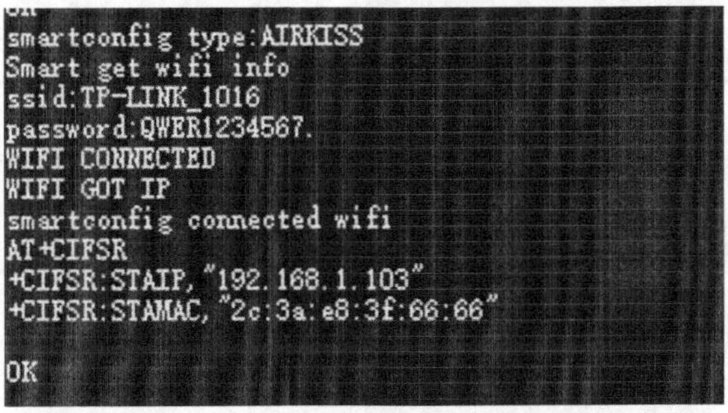

图 9-20　WiFi 模块 MAC 和 IP 地址

在配置好 WiFi 模块及烧录程序成功，且连接到云平台之后，MiniSTM32 开发板与云平台可进行相互发送、接收数据的测试，如图 9-21 所示。

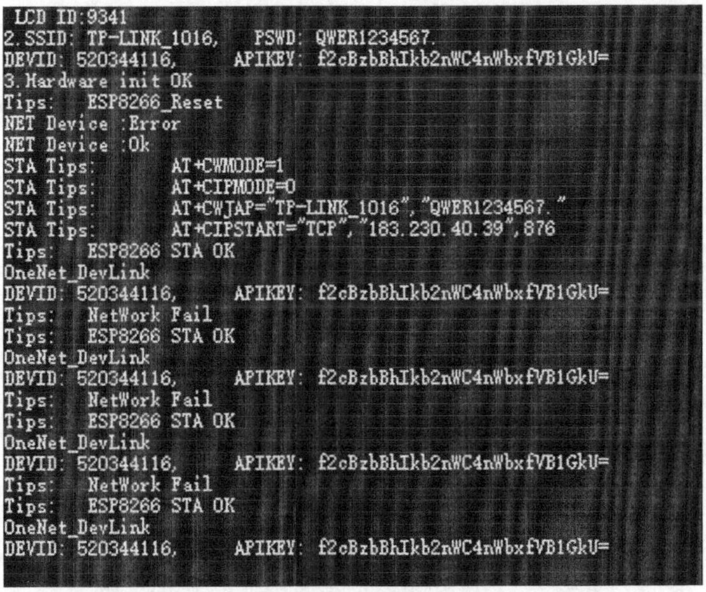

图 9-21　数据互发互收测试

9.4.2 硬件测试

硬件测试包括对 MiniSTM32 开发板、DS18B20 温度传感器及 ATK-ESP8266 WiFi 模块的测试。

1. MiniSTM32 开发板测试

云平台接收到温度,通过判断温度数值,对 MiniSTM32 开发板下发指令,LED0 与 LED1 根据云平台下发的指令对应翻转。LED1 翻转如图 9-22 所示。

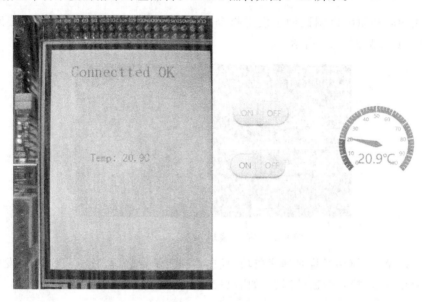

图 9-22 LED1 翻转

2. DS18B20 温度传感器测试

温度传感器连接到 MiniSTM32 开发板上,利用程序驱动之后将检测的温度值显示在 MiniSTM32 开发板的 LCD 屏幕上,如图 9-23 所示。

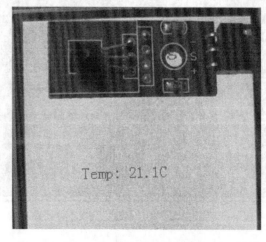

图 9-23 LCD 屏幕显示温度

3. ATK-ESP8266 WiFi 模块测试

在前面的软件调试中,已经说明了串口调试助手配置 WiFi 模块的步骤,WiFi 模块与路由器连接成功之后蓝灯亮起,且 MiniSTM32 开发板判断连接成功与否,LCD 屏幕显示"Connectted OK"则连接成功,如图 9-24 所示。

图 9-24　ATK-ESP8266 WiFi 模块连接成功

9.5　创意扩展

(1) 请在云平台上加入人工智能算法,以对温度值进行预测,实现对用户所在地区的天气智能预报功能。

(2) 增加大数据分析功能,提升数据的效用价值。

参 考 文 献

[1] 黄孝彬,毛培霖,唐浩源,等.物联网关键技术及其发展[J].电子科技,2011,24(12):129-132.

[2] 邹和辉.基于 ZigBee 技术与 Android 系统的移动监控系统的研究与实现[D].桂林:桂林电子科技大学,2014.

[3] 潘璐璐.基于 STC12 系列单片机的智能温湿度控制系统的设计与实现[D].成都:电子科技大学,2014.

[4] 侯丽霞,马春庚.浅谈物联网技术在智能医疗上的应用趋势[J].城市建设理论研究(电子版),2014(19):116.

[5] 冯霞.物联网环境下电网物资供应优化模型及系统架构研究[D].北京:华北电力大学,2015.

[6] 李森,马楠,周椿入.物联网系统应用层协议安全性研究[J].网络空间安全,2017,8(12):40-44.

[7] 吴海超.基于 STM32 卫星定位车载终端硬件系统设计[D].成都:电子科技大学,2014.

[8] 柳春林.基于 ONENET 云平台的智能鱼缸研究报告[J].科学技术创新,2019(4):53-55.

[9] 刘磊,孙晓菲,唐含,等.电气实验室安全预警系统设计[J].科技创新与应用,2015,(20):28.

[10] 丘森辉,宋树祥.基于嵌入式系统的物联网开发教程[M].北京:电子工业出版社,2017.

[11] 廖建尚.企业级物联网开发与应用[M].北京:电子工业出版社,2018.

[12] 黄东军.物联网技术导论[M].2 版.北京:电子工业出版社,2017.

[13] 桂劲松.物联网系统设计[M].2 版.北京:电子工业出版社,2017.

[14] 中国信息通信研究院.物联网白皮书[EB/OL].(2018-12-12)[2020-8-2].http://www.caict.ac.cn/kxyj/qwfb/bps/201812/P020181212431907171535.pdf.

[15] 刘军,张洋.原子教你玩 STM32(寄存器版)[M].北京:北京航空航天大学出版社,2013.

[16] 孙建梅,刘丹,樊晓勇,等.物联网系统应用技术及项目开发案例[M].北京:清华大学出版社,2018.

[17] 吴功宜,吴英.物联网技术与应用[M].北京:机械工业出版社,2017.

[18] 王金旺.物联网发展现状及未来趋势[J].电子产品世界,2016,23(12):3-5.

[19] 姜仲,刘丹.ZigBee 技术实训教程-基于 CC2530 的无线传感网技术[M].北京:清华大学出版社,2015.

[20] 范茂军.物联网与传感网工程实践[M].北京:电子工业出版社,2013.